教育部、财政部职业院校教师素质提高计划
建筑环境与能源应用工程类职教师资培养资源开发项目核心教材

建筑设施系统实训

李玉明　胡惠杉　黄治钟　编著

同济大学 出版社
TONGJI UNIVERSITY PRESS

图书在版编目(CIP)数据

建筑设施系统实训 / 李玉明,胡惠杉,黄治钟编著
. -- 上海：同济大学出版社,2021.12
ISBN 978-7-5608-7678-8

Ⅰ.①建… Ⅱ.①李…②胡…③黄… Ⅲ.①建筑设
备—高等职业教育—教材 Ⅳ.①TU8

中国版本图书馆 CIP 数据核字(2018)第 005332 号

教育部、财政部职业院校教师素质提高计划
建筑环境与能源应用工程类职教师资培养资源开发项目核心教材

建筑设施系统实训

李玉明　　胡惠杉　黄治钟　编著

责任编辑　任学敏　　**助理编辑**　屈斯诗　　**责任校对**　徐春莲　　**封面设计**　潘向蓁

出版发行　同济大学出版社　　　　www.tongjipress.com.cn
　　　　　　(地址:上海市四平路1239号 邮编:200092 电话:021-65985622)
经　销　全国各地新华书店
排　版　南京月叶图文制作有限公司
印　刷　江苏凤凰数码印务有限公司
开　本　787 mm×1092 mm　1/16
印　张　9
字　数　225 000
版　次　2021 年 12 月第 1 版　　2021 年 12 月第 1 次印刷
书　号　ISBN 978-7-5608-7678-8

定　价　49.00 元

Preface 前言

　　为贯彻落实《国务院关于大力发展职业教育的决定》有关要求,教育部、财政部启动实施了职业院校教师素质提高计划本科专业职教师资培养资源开发项目。本书是为"建筑环境与设备工程类"本科专业职教师资培养而编写的一本核心课程教材。

　　在本书任务实施环节,学生要在接近行业实际的设备与操作环境中,根据任务要求,测量分析测试系统的运行数据,并对数据进行筛选和分析,最后得出结论。本书选取建筑设施系统的典型设备和系统,分解重构为五个项目,其中包含十七个任务。通过本课程的学习,学生可以掌握建筑设施系统的测试过程及测试方法。整个测试过程涉及多门专业课程的理论知识,应用性广;每个项目都需要学生实际动手操作,在实践中理解理论知识,学会操作技能,这些有助于学生更快适应今后的工作。立足于培养应用型工程技术与教育复合型人才,以实验教学示范中心为平台,本书的教学体系依托课程中的项目,突出对学生工程素质的培养和严谨的数据处理分析能力的培养。因此,建议教师在教学中采用分组教学法,以便每个学生都能有充分的机会参与整个测试过程。本书编写上充分体现连贯性、针对性和选择性,易学实用;具体项目或任务根据工作过程编写,语言通俗易懂,形式图文并茂,便于学生更直观地学习。

　　李玉明担任本书主编,并负责本书大纲拟定以及全书的统稿工作,黄治钟担任本书的审稿工作。参与各项目编写的人员有:李玉明(项目一、二、四、五);胡惠杉(项目二、五);黄治钟(项目二、三、五);张永明(项目五)。

　　本书可作为高等职业院校建筑环境与设备工程专业及其他相关专业的教材,也可供相关单位建设实验室参考。

　　由于作者水平有限,书中难免有不妥之处,恳请读者批评指正。

编　者
2021 年 11 月

Contents 目录

绪论

建筑环境与设备工程类专业的主要任务是尽可能以最小的能耗将建筑室内营造成一个舒适、健康、安全的环境。建筑设施系统测试则是通过对建筑内部各类系统(空调系统、安防系统、火灾报警系统、能耗监测平台系统)及其设备的测试,来评判建筑运行的状况,并对室内空调环境进行测试评价。

测试内容主要分为基本测量、建筑设备性能检测、空调冷热源系统测试与评价、建筑空调环境测试与评价、拓展与提高五大项目。各项目之间的关系如图 0-0-1 所示。

图 0-0-1 各项目之间的关系

项目中的多个测试任务,遵照由简单到复杂、项目由单体设备到系统整体、性质由性能测试到结果评价、学生操作独立性要求由低到高来组织。

每个任务根据工作过程包括以下部分:任务提出、任务分析、知识铺垫、任务实施及任务评价。在各任务最初提出目标,通过任务分析使学生对测试的任务和教学组织有清晰直接的了解,然后进入知识回顾复习环节,认识实际的实训装置,熟悉操作、记录、计算方法,以考核标准帮助教师判断测试目标是否得以实现,并提供参考文献供学生进一步阅读学习相关知识。每个任务还推荐了合适的教学设计,帮助学生掌握如何将教学论应用到专业知识的教学中。任务实施完毕后,再通过任务评价环节反馈任务实施的效果。在各测试任务的结果中保持结论的开放性,任何测试得到的数据都是有据可循的,因此验证数据的正确性并不是测试的主要目的,更重要的是要鼓励学生对过程和结果进行评价分析,培养学生分析问题、解决问题的能力。思考题亦可以帮助学生分析原因。

项目一

建筑环境测试技术

在建筑设施系统测试中,各种基本的测量设备经常会被使用,建筑环境与设备工程专业的基本参数亦会被间接引用计算。压力传感器、流量传感器、温度传感器是建筑设施系统中最常见的测试仪表。本项目以压力传感器和流量传感器为对象设计了相应的任务,而温度传感器的性能测试方法可自学掌握。通过任务一、任务二的学习,可以掌握传感器的性能测试方法。任务三的测试过程中涉及了温湿度传感器的应用,这也进一步加深了对传感器的理解。湿空气参数是本专业最基础的知识,本项目中也设计了一个任务对其进行工程测试。

本项目是建筑设施系统测试的基础,通过学习,学生将掌握传感器及基本参数的具体测试方法,为后期建筑设备的性能检测做好知识和技能准备。

任务一　压力传感器的性能测试

测试时间		年级、专业	
测试者姓名		同组者姓名	

一、任务提出

压力是重要的热工参数之一，为使热力系统和设备安全经济运行，必须对压力加以监测和控制。在实验室测试中，压力也是常见的测量参数。

传统的测量压力的仪器有液柱式压力计、弹性式压力计、活塞式压力计、电气压力计等。由于自动化系统集中检测与控制的要求，能够检测压力值并提供远传电信号的压力传感器成为压力检测仪表的重要组成部分，在工业生产中得到了广泛的应用。本任务通过自行设计的实训装置对压力传感器进行性能测试。

二、任务分析

知识目标：了解实训装置的构造原理及其运行方法；了解压力传感器的构造原理，掌握压力传感器的特性。

技能目标：掌握实训装置的具体操作方法；掌握应用 Office 软件通过测试数据拟合压力传感器性能曲线的方法。

能力目标：锻炼表达能力、沟通能力和团队协作能力。

本任务建议学时为 2 学时。教学组织推荐使用引导文教学法和演示教学法相结合：通过问题引导介绍压力传感器的功能与类型；通过演示教学讲解实训装置的启停和工况调节的操作方法。

三、知识铺垫

1. 压强的概念和单位

单位面积上所受的垂直作用力（压力）称为压强，用符号 p 表示，其国际单位是"帕斯卡"，简称"帕"（Pa），$1Pa=1\ N/m^2$。由于 Pa 单位较小，所以经常用 bar，MPa 等单位，工程上常用"工程大气压"（at）作为压强单位。常用压强单位换算见表 1-1-1。

表 1-1-1　常用压强单位换算

单位	帕 (Pa 或 N/m²)	标准大气压 (atm)	工程大气压 (at 或 kgf/cm²)	巴 (bar)	毫米汞柱 (mmHg)	毫米水柱 (mmH₂O)
帕(Pa 或 N/m²)	1	$0.986\,923\times10^{-5}$	$0.101\,972\times10^{-4}$	1×10^{-5}	$7.500\,62\times10^{-3}$	0.101 972
标准大气压 (atm)	101 325	1	1.033 23	1.013 25	760	10 332.3
工程大气压 (at 或 kgf/cm²)	98 066.5	0.967 841	1	0.980 665	735.559	1×10^{4}
巴(bar)	1×10^{5}	0.986 923	1.019 72	1	750.062	10 197.2
毫米汞柱 (mmHg)	133.322	$1.315\,79\times10^{-3}$	$1.359\,51\times10^{-3}$	133.322×10^{-5}	1	13.595 1
毫米水柱 (mmH₂O)	9.806 65	$9.678\,41\times10^{-5}$	1×10^{-4}	$9.806\,65\times10^{-5}$	735.559×10^{-4}	1

2．压力的表示方法

在工程测量中，压力有几种不同的表示方法，并且有相应的测量仪表。

绝对压力是指被测介质作用在容器表面积上的全部压力。用来测量绝对压力的仪表，称为绝对压力表。

大气压力是指由地球表面空气柱重量形成的压力，随地理纬度、海拔高度及气象条件而变化，其值用气压计测定。

表压力是指处于大气中的压力测量仪表测得的压力值，等于绝对压力和大气压力之差。一般地说，常用的压力测量仪表测得的压力值均是表压力。

当绝对压力小于大气压力时，表压力为负值(负压力)，其绝对值称为真空度。用来测量真空度的仪表称为真空表。

差压是指设备中两处的压力之差。差压测量常作为流量和物位测量的间接手段。

3．压力检测的主要方法及仪器

根据不同工作原理，主要的压力检测仪器有如下几种：

(1) 液柱式压力计是基于液体静力学原理而设计的。被测压力与一定高度的工作液体产生的重力相平衡，将被测压力转换为液柱高度来测量，其典型仪表是 U 形管压力计。这类压力计的特点有：结构简单、读数直观、价格低廉，但一般为就地测量，信号不能远传；可以测量压力、负压和压差；适合于低压测量，测量上限不超过 0.2 MPa；精确度通常为 $\pm0.02\%\sim\pm0.15\%$。高精度的液柱式压力计可用作基准器。

(2) 负荷式压力计是基于重力平衡原理而设计的。其主要形式为活塞式压力计。被测压力与活塞以及加于活塞上的砝码的重力相平衡。

压力传感器常见的形式有应变式、压阻式、电容式、压电式及振频式：

(1) 应变式压力传感器。各种应变元件与弹性元件配用组成应变式压力传感器。应变元件可做成丝状、片状或体状。应变丝或应变片与弹性元件的装配可以采用粘贴式或非粘贴式，在弹性元件受压变形的同时应变元件亦发生应变，其电阻值将有相应的改变。应变式压力传感器的精度较高，测量范围可达几百兆帕。

(2) 压阻式压力传感器。基于半导体的压阻效应，用集成电路工艺直接在硅平膜片上按一定晶向制成扩散压敏电阻。硅平膜片在微小变形时有良好的弹性特性，当硅片受压后，膜片的变形使扩散压敏电阻的阻值发生变化。压阻式压力传感器灵敏度高，频率响应高,结构比较简单;可以小型化,可用于静态、动态压力测量,应用广泛。

（3）电容式压力传感器。以测压膜片作为电容器的可动极板,与固定极板组成可变电容器。当被测压力变化时,测压膜片产生位移而改变两极板间的距离,测量相应的电容量变化,从而确定被测压力值。电容式压力传感器结构坚实,灵敏度高,过载能力大,精度高,可以测量压力和差压。

（4）压电式压力传感器。利用压电材料的压电效应将被测压力转换为电信号。当压电元件受到压力作用时将产生电荷,当外力去除后,电荷即消失。在弹性范围内,压电元件产生的电荷量与作用力之间呈线性关系。压电式压力传感器体积小,结构简单,工作可靠,频率响应高,不需外加电源,但是其输出阻抗高,需要特殊信号传输导线,温度效应较大。它是动态压力检测中常用的传感器,不适宜测量缓慢变化的压力和静态压力。

（5）振频式压力传感器。利用感压元件本身的谐振频率与压力的关系,通过测量频率信号的变化来检测压力。这类传感器有振筒、振弦、振膜、石英谐振等多种形式,它们体积小,输出频率信号重复性好,耐振,精确度高,适用于气体测量。

本测试任务中选用压阻式压力传感器进行实训。

四、任务实施

实训装置如图 1-1-1 所示。实训装置设备信息见表 1-1-2。

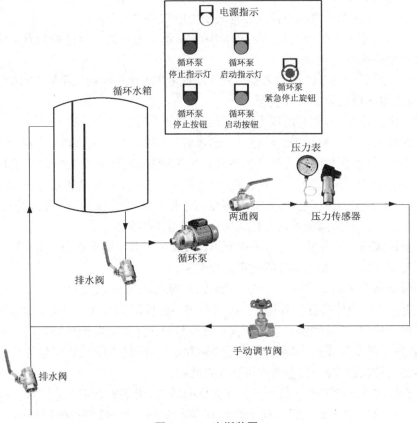

图 1-1-1　实训装置

表 1-1-2　实训装置设备信息

设备名称	描述	设备名称	描述
循环水箱	循环工况下的储水装置	压力传感器	型号 Huba,当管路中某处压力变化时,其输出电流值也随之变化
循环泵	最大流量:5 m³·h⁻¹;最大扬程:22 m	压力表	直接读取压力传感器安装位置的压力值
排水阀	需要时可排空循环水箱及实验台管路中的水	手动调节阀	通过调节阀门开度,改变管路阻力,从而改变压力传感器安装位置的压力

根据测试目的,可自行对实验装置进行设计。如图 1-1-1 所示装置为最基本的部件,实验台实际构建时可酌情改变。循环水箱中左侧两块挡板的作用是沉淀水中杂质,避免杂质进入水循环,保护水泵。本实训装置可另外安装一个单独的电控箱以控制装置的启停。

本测试利用循环泵给水提供一定的压力,通过调节手动调节阀来改变管道阻力,从而改变管路的压力分布,改变压力传感器安装位置的压力。而不同的压力状态通过压力传感器表现为不同的电流输出信号,可由数字万用表测量输出电流值。

1. 操作步骤

（1）检查实训装置完好,打开两通阀,将手动调节阀完全开启。

（2）合上电源开关,检查配电箱是否通电,电源指示灯是否点亮。

（3）启动循环泵,将数字万用表的选择开关置于"mA"档,将万用表与压力传感器的输出信号端相连接(连接时注意表棒插孔位置和极性),开启万用表电源。

（4）待压力表读数稳定后,记录压力传感器的输出电流值以及对应的压力表读数。

（5）调节手动调节阀,逐渐增大压力传感器的压力,重复步骤(4),直至手动调节阀完全关闭。测点至少 6 个,且均匀分布在整个压力范围中。

（6）全部测试步骤完成后,将手动调节阀完全开启,关闭循环泵。

（7）一旦在实验过程中出现异常情况,应立即按下循环泵紧急停止按钮,确保安全。

2. 测试报告

（1）列表记录各工况下压力传感器的压力值和输出电流值。

（2）画出压力传感器的压力-电流曲线。

（3）用直线方程拟合上述压力-电流曲线,写出拟合方程和 R^2 值。

3. 数据记录及计算

（1）原始数据记录（表 1-1-3）。

表 1-1-3　原始数据记录表

序号	P_g/MPa	P_{abs}/MPa	电流值 I/mA
1.1			
1.2			
1.3			
1.4			
1.5			
1.6			

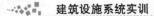

（2）绘制压力传感器的性能曲线及确定拟合方程（表1-1-4）。

表1-1-4 绘制压力传感器的性能曲线及确定拟合方程

压力传感器的性能曲线 （横坐标表示压力，纵坐标表示电流）	压力-电流（P-I）的 直线拟合方程	拟合方程的R^2值
测试中出现的问题		
原因分析和解决方案		
对本次测试的建议		

4. 思考题

（1）在管路上应当选择怎样的位置安装压力传感器？

（2）要实现准确的压力测量需要哪些环节？

（3）为什么压力表与横管连接处是用圆形弯管而不是直管？

（4）用什么方法可以得到一个稳定的压力状态？

5. 考核内容与评价标准

考核内容与评价标准见表1-1-5。

表1-1-5 考核内容与评价标准

序号	考核内容	分值	评价标准	得分
1	实训装置部件的识别	20	是否准确识别实训装置各部件	
2	测试仪器的规范使用	25	使用仪器是否规范，是否爱护仪器	
3	学习态度及与组员合作情况	10	测试过程是否积极主动，是否与组员和谐协作	
4	安全操作	10	是否按照安全要求进行操作	
5	设施复位，场地清洁等	5	善后工作是否主动较好完成	
6	测试报告	30	实验数据处理结果是否正确，报告内容是否充实， 格式是否规范，书写是否整洁	
	合　计	100		

五、教学设计

教学设计见表1-1-6。

表 1-1-6　教学设计

能力描述	具有建筑设施系统测试的基本知识； 具有独立学习、独立计划、独立工作的能力，具有合作、交流等能力	
目标	了解压力传感器的构造原理，掌握压力传感器的特性； 掌握实训装置的具体操作方法； 掌握应用Office软件通过实训数据拟合压力传感器性能曲线的方法	
教学内容	压力传感器的构造原理和特性； 应用Office软件拟合压力传感器的性能曲线	
学生应具备的知识和基本能力	所需知识：压力传感器的基本知识 所需能力：正确使用测试仪器仪表的能力，团队协作能力	
教学媒体： 多媒体、实训装置	教学方法： 采用引导文教学法和演示教学法	
教师安排： 具有工程实践经验，并具有丰富教学经验，能够运用多种教学方法和教学媒体的教师1名	教学地点： 校内实训室	
评价方式： 学生自评；教师评价	考核方法： 过程考核；结果考核	

六、任务评价

　　通过本任务的学习，学生了解压力传感器的构造原理，并在熟悉实训装置基础上，掌握压力传感器的特性，应用Office软件通过测试数据拟合函数曲线。在此学习过程中，学生锻炼了表达能力以及与组内成员相互沟通协作的能力。

　　任务二将在同样的实训装置上安装流量传感器，同样也可以实现流量传感器的性能测试，进一步熟悉操作本实训装置。

参考文献

[1] 张毅，张宝芬.自动检测技术及仪表控制系统[M].北京:化学工业出版社,2009.
[2] 靳智平.热能动力工程实验[M].北京:中国电力出版社,2011.

任务二　流量传感器的性能测试

测试时间		年级、专业	
测试者姓名		同组者姓名	

一、任务提出

流量的测量和控制是空调水系统、给排水系统运行的重要环节,而流量传感器是流量测量和控制最常用的检测仪表。本任务将在任务一的实训装置上安装流量传感器,并对其进行性能测试。

二、任务分析

知识目标:进一步了解实训装置的构造原理及其运行方法;了解流量传感器的构造原理,掌握流量传感器的特性。

技能目标:进一步掌握实训装置的具体操作方法;进一步掌握应用 Office 软件通过测试数据拟合流量传感器性能曲线的方法。

能力目标:锻炼表达能力、沟通能力和团队协作能力。

本任务建议学时为 2 学时。教学组织同样推荐使用引导文教学法和演示教学法相结合:通过问题引导介绍流量传感器的功能与类型;通过演示教学讲解实训装置的启停和工况调节的操作方法。

三、知识铺垫

1. 流量的概念和单位

流体的流量是指在单位时间内流过某一流通截面的流体数量。流体数量以体积表示称为体积流量(q_v),流体数量以质量表示称为质量流量(q_m)。

流量的表达式为

$$q_v = \frac{\mathrm{d}V}{\mathrm{d}t} = vA$$

$$q_m = \frac{\mathrm{d}M}{\mathrm{d}t} = \rho vA$$

式中　q_v——体积流量,m^3/s;

　　　q_m——质量流量,$\mathrm{kg/s}$;

　　　V——流体体积,m^3;

　　　M——流体质量,kg;

　　　t——时间,s;

v——流体平均流速,m/s;

A——流通截面积,m^2;

ρ——流体密度,kg/m^3。

由此可见,体积流量与质量流量的关系为

$$q_m = \rho q_v$$

2. 流量的检测方法及流量计分类

流量检测方法分为体积流量检测和质量流量检测两种,前者可以直接测得流体的体积流量值,后者可以直接测得流体的质量流量值。

测量流量的仪表称为流量计,其通常由一次装置和二次仪表组成。一次装置安装于流体的内部或外部,根据流体与之相互作用关系的物理定律产生一个与流量有确定关系的信号,这种一次装置亦称为流量传感器。二次仪表是显示仪表,可以直接读取相应的流量值大小。因此,各种流量计之间的区别实质上是一次装置(即流量传感器)的差别。

按检测原理分类,流量传感器分质量流量传感器和体积流量传感器两大类。

质量流量传感器分为两种。一种是间接式质量流量计,采用密度或温度、压力补偿的方法,在测量体积流量的同时,测量流体的密度或流体的温度、压力值,再通过运算求得质量流量。间接式质量流量计构成复杂,由于包含了其他参数仪表误差和函数误差等,系统误差相对较大,但目前已有多种微机化仪表可以实现有关计算功能,应用仍较普遍。另一种是直接式质量流量计,它的输出信号直接反映质量流量。因此,它具有不受流体的压力、温度、黏度等变化影响的优点。

体积流量传感器包括容积式流量传感器、差压式流量传感器和速度式流量传感器。

(1) 容积式流量传感器是直接根据排出体积进行流量累计的仪表,它利用运动元件的往复次数或转速与流体的连续排出量成比例对被测流体进行连续的检测。常用的有椭圆齿轮、旋转活塞式齿轮和腰轮等流量传感器。容积式流量传感器可以计量各种液体和气体的累计流量,而且可以精密测量体积量,因此它的类型包括从小型的家用煤气表到大型的石油和天然气计量仪表,广泛地用作管理和贸易的工具。在选择容积式流量传感器时,需要考虑被测介质的物性参数和工作状态,在流量传感器上游要加装过滤器。仪表在使用过程中被测流体应充满管道,并在仪表规定的流量范围内工作,当黏度、温度等参数超过规定范围时应对流量值进行修正。

(2) 差压式流量传感器基于在流通管道上设置流动阻力件,流体通过阻力件时将产生压力差,此压力差与流体流量之间有确定的数值关系,通过测量差压值可以求得流体流量。根据检测件的作用原理,差压式流量传感器可分为节流式、水力阻力式、动压头式、离心式等。其中节流式历史悠久,技术成熟,结构简单,因对流体的种类、温度、压力限制较少,是目前工业中测量气体、液体和蒸汽流量最常用的仪表。节流式流量传感器利用管道内的节流元件,将管道内的流体瞬时流量转换成节流元件前后的压力差来实现流量测量。它主要由两部分组成:一部分是节流元件,如孔板、喷嘴、文丘里管等;另一部分是用来测量节流元件前后静压差的差压计,根据压差和流量的关系可直接计算得到流量。节流式流量传感器的特点有:结构简单,无可动部件;可靠性较高;复现性能好;适应性较广,适用于各种工况下的单相流体,适用的管道直径范围宽,可以配用通用差压计;节流装置已有标准化型式。

但其主要缺点是:安装要求严格;流量传感器前后要求较长直管段;测量范围窄;压力损失较大;对于直径小于50 mm的管道测量比较困难;精确度不够高,为±1%～±2%。

(3)速度式流量传感器大多是通过测量流体在管路内已知截面流过的流速大小来实现流量测量的。它是利用管道中流量敏感元件把流体的流速变换成压差、位移、转速及频率等对应的信号来间接测量流量的。应用较普遍的有涡轮式、涡街式、转子式、电磁式和超声波等流量传感器。

① 涡轮流量传感器是利用安装在管道中可以自由转动的叶轮来感受流体速度变化的,它内部的涡轮可以自由旋转,涡轮由高导磁的不锈钢制成,线圈和永久磁铁组成磁电感应转换器。当流体通过涡轮叶片与管道间的空间时,流体对叶片产生推力使涡轮旋转,在涡轮旋转的同时,高导磁性的涡轮叶片周期性地改变磁电系统的磁阻值,使通过线圈的磁通发生周期性的变化,因而在线圈两端产生一个随涡轮旋转而变化的感应电动势。流量越大,涡轮的转速越高,线圈两端产生感应电动势的频率也越高。它可以测量气体、液体的流量,但要求被测介质洁净,并且不适用于黏度大的液体测量。它安装方便;测量精度较高,在小范围内误差可以小于±0.1%;反应快,刻度线性、输出频率信号便于远传及与计算机相连;仪表有较宽的工作温度范围(−200℃～400℃),可耐较高的工作压力(<10 MPa)。它的缺点是制造困难,成本高。由于涡轮高速转动,轴承易磨损,降低了长期运行的稳定性,影响使用寿命。通常涡轮流量计主要用于测量精度要求高、流量变化快的场合,还可用作标定其他流量的标准仪表。

② 涡街流量传感器是利用流体振荡的原理进行流量测量的。当流体流过非流线型阻挡体时会产生稳定的漩涡列,漩涡的产生频率与流体流速有着确定的对应关系,测量频率的变化就可以得到流体的流量。涡街流量传感器适用于气体、液体和蒸汽介质的流量测量,其测量几乎不受流体参数变化的影响。它的仪表内部没有可动部件,使用寿命长;压力损失小;输出为频率信号;测量精度比较高(±0.5%～±1%)。但它的缺点主要是流体流速分布情况和脉动情况会影响测量准确度,漩涡发生体被污染也会引起误差。

③ 转子流量传感器是利用节流原理测量流体的流量,但它的差压值基本保持不变,是通过节流面积的变化反映流量的大小,故又称恒压降变截面流量计,也称作浮子流量传感器。它结构简单,使用维护方便,对仪表前后直管段长度要求不高,压力损失小且恒定,测量范围比较宽,性能可靠且刻度为线性,可测量气体、蒸汽和液体的流量,更适用于中小管径、中小流量和较低雷诺数的流量测量。

④ 电磁流量传感器是根据法拉第电磁感应定律来测量导电液体的体积流量,因此它不能测量电导率很小的液体。它的测量通道是一段无阻流检测元件的光滑直管,不易阻塞,适用于测量含有固体颗粒或纤维的液固二相流体,不产生因检测流量所形成的压力损失,测得的体积流量基本不受流体密度、黏度、温度、压力和电导率变化的影响。电磁流量传感器对前置直管段的要求较低,测量范围大,但它不能测量气体、蒸汽和含有较多较大气泡(如石油制品)的液体。另外,电磁流量传感器由于受衬里材料和电气绝缘材料性能的限制,不能用于较高温度液体的测量。本实训装置中安装电磁流量传感器来对其性能进行测试。

⑤ 超声流量传感器是利用超声波在流体中的传播特性实现流量测量的。根据信号检测的原理,传感器测量方法可分为传播速度差法、波束偏移法、多普勒法、互相关法等。在工业应用中以传播速度差法最普遍。传播速度差法利用超声波在流体中顺流传播与逆流传播的速度变化来测量流体流速。超声流量传感器是一种非接触式仪表,它可以夹装在管

道外表面,仪表阻力损失极小,还可以做成便携式仪表,探头安装方便,通用性好。同时它既可以测量大管径的介质流量,也可以用于不易接触和观察的介质的测量。它的测量准确度很高,几乎不受被测介质的各种参数的干扰,尤其可以解决强腐蚀性、非导电性、放射性及易燃易爆介质的流量测量问题。但其测量电路复杂,价格较贵,目前多数只用在其他流量传感器不适用的场合。

3. 流量传感器的选择

在选用流量传感器时,除了考虑上述提及的各流量传感器的适用场合、特点之外,还须考虑流量传感器的流量范围、范围度、测量精确度以及压力损失等因素。

流量计的流量范围指可测最大流量和最小流量所限定的范围。在这个范围内,仪表在正常使用条件下示值误差不超过最大允许误差。最大流量与最小流量的比值称为范围度,一般表达为某数与1之比。一般范围度越小,精度越高;范围度越大,精度越低。因此,选用流量传感器时,应综合考虑流量范围和范围度的关系。

安装在流通管道中的流量计实际上是一个阻力件,流体在通过流量计时将产生压力损失,会带来一定的能源消耗。因此,流量传感器的压力损失大小也是仪表选型的一个重要指标。

四、任务实施

实训装置设备信息见表1-2-1。

表 1-2-1　实训装置设备信息

设备名称	描述	设备名称	描述
循环水箱	循环工况下的储水装置	流量传感器	根据输出信号确定管路流量
循环泵	最大流量:5 m^3/h;最大扬程:22 m	手动调节阀	手动调节阀门开度,改变管路流量
排水箱	测量工况时储存管路中的水	电子秤	对排水箱中水的增加量进行称重
排水阀	需要时可排空循环水箱及实验台管路中的水	三通阀	实现实训装置的循环工况和测量工况
排水泵	当循环水箱中的水降至最低液面时,关闭循环水泵,将排水箱中的水通过排水泵回抽至循环水箱	电动截止阀	排水泵运行时,开启电动截止阀,排水泵关闭时,关闭电动截止阀

根据测试目的,可自行对实验装置进行设计。如图1-2-1所示实训装置为最基本的部件,实验台实际构建时亦可考虑根据实际情况增减。循环水箱中左侧两块挡板的作用是沉淀水中杂质,避免杂质进入水循环,保护水泵。实训装置可另外安装一个单独的电控箱来控制实训装置的启停。

本任务首先采用质量称重法对流量传感器进行标定,然后再用标定后的质量流量值和输出电流值来测绘流量传感器的流量-电流特性。即将一定体积的流体通过流量传感器,称重、记录流体的质量并转换成流体相应的体积,以及流量传感器对应的输出电流,从而测得流量传感器的流量-电流特性。采用质量称重法对流量传感器进行标定时,应注意对流体的密度进行温度校正。本任务需要组员的相互协作才能很好地完成。

1. 操作步骤

(1) 检查实训装置完好,打开两通阀,将三通阀置于循环状态,将手动调节阀完全开启。

(2) 合上电源开关,检查配电箱是否通电,电源指示灯是否点亮。

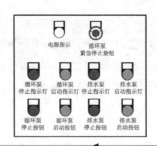

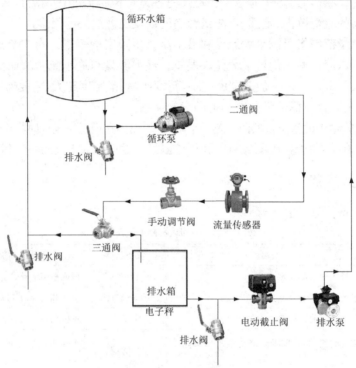

图1-2-1 实训装置

（3）启动循环泵，将数字万用表的选择开关置于"mA"档，将万用表与流量传感器的输出信号端相连接（连接时注意表棒插孔位置和极性），开启万用表电源。

（4）待流量计读数稳定后，将三通阀缓慢置于"测量"位置，使循环水箱的水流向排水箱，5 s后启动秒表计时，同时按下电子秤的"去皮"按钮，使电子秤的显示为"0"。然后，每隔15 s记录一次流量传感器的流量读数及输出电流值，测量时间不少于1 min。

（5）在停止秒表的同时记录电子秤读数，然后将三通阀置回于"循环"位置，并将各次流量传感器的流量和输出电流的平均值作为当前工况下流量传感器的流量和输出电流值。

（6）用水银温度计测量水温，查表得到相应温度下水的密度并记录。

（7）调节手动调节阀减小水流量，分别为最大流量的90％，80％，70％，60％，50％，40％，30％和20％，重复步骤（4）—（7），共得到9组不同工况下的数据。

（8）如果在测量过程中发现循环水箱水量不足，应及时停止循环泵，启动排水泵，将水回抽至循环水箱。

（9）待全部测试步骤完成后，将手动调节阀完全开启，三通阀置回于"循环"位置，然后关闭循环泵。

（10）一旦在实验过程中出现异常情况,应立即按下循环泵紧急停止按钮,确保安全。

2. 测试报告

（1）列表记录各工况下实测质量流量值、水温、测量时间,计算经温度校正后的体积流量值、流量传感器的流量值和输出电流值。

（2）以质量法求得的流量数据为基准,求取流量传感器的测量误差,并画出误差-流量曲线。

（3）根据上述误差-流量曲线求取流量传感器的校正函数,并对流量传感器的读数进行校正。

（4）绘出校正后的流量-电流曲线。

（5）用直线方程拟合上述流量—电流曲线,写出拟合方程和 R^2 值。

3. 数据记录及计算

（1）原始数据记录（表 1-2-2）。

表 1-2-2　原始数据记录表

测量工况	测量时间 t/s	水温 T /℃	电子秤的质量增加值 M/kg	时刻/s	流量传感器的流量值 $Q/(m^3 \cdot h^{-1})$	输出电流 I /mA
1.1 (Q_{max})				15		
				30		
				45		
				60		
1.2 ($0.9Q_{max}$)				15		
				30		
				45		
				60		
1.3 ($0.8Q_{max}$)				15		
				30		
				45		
				60		
1.4 ($0.7Q_{max}$)				15		
				30		
				45		
				60		
1.5 ($0.6Q_{max}$)				15		
				30		
				45		
				60		
1.6 ($0.5Q_{max}$)				15		
				30		
				45		
				60		
1.7 ($0.4Q_{max}$)				15		
				30		
				45		
				60		

（续表）

测量 工况	测量时 间 t/s	水温 T /℃	电子秤的质量 增加值 M/kg	时刻/s	流量传感器的流量 值 Q/(m³·h⁻¹)	输出电流 I /mA
1.8 (0.3Q_max)				15		
				30		
				45		
				60		
1.9 (0.2Q_max)				15		
				30		
				45		
				60		

（2）实验数据计算（表1-2-3）。

表1-2-3　计算实验数据

测量工况	电子秤的质量流量 值 $\left[\dfrac{M}{t}/(kg·s^{-1})\right]$	水的密度 ρ_t /(kg·m⁻³)	电子秤的体积 流量值/(m³·h⁻¹)	流量传感器的平均 流量值/(m³·h⁻¹)	输出电流 平均值/mA
1.1					
1.2					
1.3					
1.4					
1.5					
1.6					
1.7					
1.8					
1.9					

（3）绘制流量传感器的性能曲线及确定拟合方程（表1-2-4）。

表1-2-4　绘制流量传感器的性能曲线及确定拟合方程

性能曲线（横坐标表示流量，纵坐标表示电流）	电流—流量(I-Q)的直线拟合方程	拟合方程的 R^2 值
测试中出现的问题		
原因分析和解决方案		
对本次测试的建议		

4. 思考题

流量传感器信号远传时要注意哪些问题?

5. 考核内容与评价标准

考核内容与评价标准见表1-2-5。

表1-2-5 考核内容与评价标准

序号	考核内容	分值	评价标准	得分
1	实训装置部件的识别	20	是否准确识别实训装置各部件	
2	测试仪器的规范使用	25	使用仪器是否规范,是否爱护仪器	
3	学习态度及与组员合作情况	10	测试过程是否积极主动,是否与组员和谐协作	
4	安全操作	10	是否按照安全要求进行操作	
5	设施复位,场地清洁等	5	善后工作是否主动较好完成	
6	测试报告	30	实验数据处理结果是否正确,报告内容是否充实,格式是否规范,书写是否整洁	
	合计	100		

五、教学设计

教学设计见表1-2-6。

表1-2-6 教学设计

能力描述	具有建筑设施系统测试的基本知识; 具有独立学习、独立计划、独立工作的能力,具有合作、交流等能力	
目标	了解流量传感器的构造原理,掌握流量传感器的特性; 进一步掌握实训装置的具体操作方法; 再次掌握应用Office软件通过测试数据拟合流量传感器性能曲线的方法	
教学内容	流量传感器的构造原理和特性; 应用Office软件拟合流量传感器的性能曲线	
学生应具备的知识和基本能力	所需知识:流量传感器的基本知识 所需能力:正确使用测试仪器仪表的能力;团队协作能力	
教学媒体: 多媒体、实训装置	教学方法: 采用引导文教学法和演示教学法	
教师安排: 具有工程实践经验,并具有丰富教学经验,能够运用多种教学方法和教学媒体的教师1名	教学地点: 校内实训室	
评价方式: 学生自评;教师评价	考核方法: 过程考核;结果考核	

六、任务评价

通过本任务的学习,学生了解流量传感器的构造原理,进一步熟悉实训装置,掌握流量传感器的特性,并再次应用 Office 软件通过实训数据拟合函数曲线。在此学习过程中,学生进一步锻炼了表达能力、沟通能力和团队协作能力。

通过任务一和任务二,掌握了压力传感器和流量传感器的性能测试方法以及传感器的性能之后,学生对其他类型传感器亦可以自学掌握。因此,任务三将从理解传感器性能本身转向利用传感器完成工程测试。

参考文献

［1］宋德杰. 传感器技术与应用［M］. 北京:机械工业出版社,2014.

［3］祁树胜. 传感器与检测技术［M］. 北京:北京航空航天大学出版社,2010.

［3］张米雅. 传感器应用技术［M］. 北京:北京理工大学出版社,2014.

［4］张毅,张宝芬,曹丽,等. 自动检测技术及仪表控制系统［M］. 北京:化学工业出版社,2009.

附录　纯水密度表

1990 年国际温标纯水密表

单位：kg·m⁻³

$t_{90}/℃$	0.0	0.1	0.2	0.3	0.4	0.5	0.6	0.7	0.8	0.9
0	999.840	999.846	999.853	999.859	999.865	999.871	999.877	999.883	999.888	999.893
1	999.898	999.904	999.908	999.913	999.917	999.921	999.925	999.929	999.933	999.937
2	999.940	999.943	999.946	999.949	999.952	999.954	999.956	999.959	999.961	999.962
3	999.964	999.966	999.967	999.968	999.969	999.970	999.971	999.971	999.972	999.972
4	999.972	999.972	999.972	999.971	999.971	999.970	999.969	999.968	999.967	999.965
5	999.964	999.962	999.960	999.958	999.956	999.954	999.951	999.949	999.946	999.943
6	999.940	999.937	999.934	999.930	999.926	999.923	999.919	999.915	999.910	999.906
7	999.901	999.897	999.892	999.887	999.882	999.877	999.871	999.866	999.880	999.854
8	999.848	999.842	999.836	999.829	999.823	999.816	999.809	999.802	999.795	999.788
9	999.781	999.773	999.765	999.758	999.750	999.742	999.734	999.725	999.717	999.708
10	999.699	999.691	999.682	999.672	999.663	999.654	999.644	999.634	999.625	999.615
11	999.605	999.595	999.584	999.574	999.563	999.553	999.542	999.531	999.520	999.508
12	999.497	999.486	999.474	999.462	999.450	999.439	999.426	999.414	999.402	999.389
13	999.377	999.384	999.351	999.338	999.325	999.312	999.299	999.285	999.271	999.258
14	999.244	999.230	999.216	999.202	999.187	999.173	999.158	999.144	999.129	999.114
15	999.099	999.084	999.069	999.053	999.038	999.022	999.006	998.991	998.975	998.959
16	998.943	998.926	998.910	998.893	998.876	998.860	998.843	998.826	998.809	998.792
17	998.774	998.757	998.739	998.722	998.704	998.686	998.668	998.650	998.632	998.613
18	998.595	998.576	998.557	998.539	998.520	998.501	998.482	998.463	998.443	998.424
19	998.404	998.385	998.365	998.345	998.325	998.305	998.285	998.265	998.244	998.224
20	998.203	998.182	998.162	998.141	998.120	998.099	998.077	998.056	998.035	998.013
21	997.991	997.970	997.948	997.926	997.904	997.882	997.859	997.837	997.815	997.792
22	997.769	997.747	997.724	997.701	997.678	997.655	997.631	997.608	997.584	997.561
23	997.537	997.513	997.490	997.466	997.442	997.417	997.393	997.396	997.344	997.320
24	997.295	997.270	997.246	997.221	997.195	997.170	997.145	997.120	997.094	997.069
25	997.043	997.018	996.992	996.966	996.940	996.914	996.888	996.861	996.835	996.809
26	996.782	996.755	996.729	996.702	996.675	996.648	996.621	996.594	996.566	996.539
27	996.511	996.484	996.456	996.428	996.401	996.373	996.344	996.316	996.288	996.260
28	996.231	996.203	996.174	996.146	996.117	996.088	996.059	996.030	996.001	996.972
29	995.943	995.913	995.884	995.854	995.825	995.795	995.765	995.753	995.705	995.675
30	995.645	995.615	995.584	995.554	995.523	995.493	995.462	995.431	995.401	995.370

任务三 湿空气参数的工程测试

测试时间		年级、专业	
测试者姓名		同组者姓名	

一、任务提出

湿空气既是空气环境的主体，又是空气调节的处理对象，因此，熟悉湿空气的物理性质及焓湿图，是掌握空气调节的必要基础。本任务通过在商用组合式空调机组上利用空气温湿度传感器来对湿空气参数进行工程测试。

二、任务分析

知识目标：理解湿空气的物理性质；熟悉组合式空调机组的基本结构、组成部件和基本工作原理。

技能目标：掌握湿空气焓湿图的使用方法；了解湿空气参数在工程中的测试方法；熟悉PLC组态软件的图形界面。

能力目标：锻炼沟通能力和独立处理信息的能力。

本任务建议学时为2学时。教学组织推荐使用仿真教学法，通过PLC组态软件仿真组合式空调机组，湿空气参数直接显示在PLC组态软件的图形界面中，从而记录数据并查表计算。

三、知识铺垫

1. 湿空气的物理性质

空气是一种围绕地球的无色、无味、无嗅的混合气体，由于地球表面大部分是海洋、江河和湖泊，必然有大量水分蒸发成水蒸气进入大气中，所以可将大气看作是由干空气和一定量的水蒸气混合而成的混合气体，常把大气称为湿空气。空气的组成成分见表1-3-1。绝对干燥的空气在自然界中几乎是不存在的。干空气是由氮气、氧气、氩气、二氧化碳、氖气、氦气和其他一些微量气体组成的混合气体。干空气中除了二氧化碳的含量有较大变化外，其他气体的含量较稳定，但二氧化碳的含量非常少，对干空气性质的影响可以忽略不计。因此，可将湿空气看作一个稳定的混合气体。

表 1-3-1　空气的组成成分

组成成分名称		质量分数	体积分数
干空气	氮气	75.55%	78.13%
	氧气	23.10%	20.90%
	二氧化碳	0.05%	0.03%
	稀有气体	1.30%	0.94%
水蒸气		0.2%～2%	

　　湿空气中水蒸气的含量很少,常随着季节、气候的变化而变化。由于空气中水蒸气含量的变化会使湿空气的物理性质发生变化,同时也对人体的感觉有直接的影响。因此,除了湿空气温度的控制,空气中的水蒸气含量控制也是空气调节中非常重要的环节。

　　湿空气的状态通常由四个主要参数表达:干球温度、绝对含湿量、相对湿度和比焓。

　　干球温度是湿空气的真实温度,它的单位主要有三种:摄氏 t(℃)、华氏 F(℉)和开氏 T(K)。三者之间的换算关系如下:

$$F = 1.8t + 32$$
$$T = t + 273.15$$

　　绝对含湿量是指对应于 1 kg 干空气的湿空气中含有的水蒸气量,单位是 kg/kg 干空气。

$$d = \frac{m_q}{m_g}$$

式中　d——湿空气的绝对含湿量,kg/kg 干空气;

　　　m_q——湿空气中水蒸气的质量,kg;

　　　m_g——湿空气中干空气的质量,kg。

　　相对湿度是另一个表示湿空气中含有多少水蒸气的参数。在一定的温度下,湿空气中的水蒸气达到最大限度时,湿空气称为饱和湿空气,此时水蒸气分压力和含湿量称为该温度下的饱和水蒸气分压力和饱和含湿量。超过这个限值,多余的水蒸气就会从湿空气中凝结出来。饱和水蒸气分压力和饱和含湿量随湿空气温度的升高而增大。绝对含湿量只能反映湿空气中所含水蒸气绝对含量的多少,而不能反映空气的吸湿能力,因此,另一种度量湿空气中水蒸气相对含量的指标即相对湿度衍生出来。它是在某一温度下,空气的水蒸气分压力与同温度下饱和湿空气的水蒸气分压力之比。

$$\varphi = \frac{p_q}{p_{q,b}} \times 100\%$$

式中　φ——湿空气的相对湿度,以百分数表示;

　　　p_q——湿空气的水蒸气分压力,Pa;

　　　$p_{q,b}$——湿空气的饱和水蒸气分压力,Pa。

　　因此,相对湿度 φ 反映了在某一温度下,湿空气中水蒸气接近饱和的程度。φ 值越小,说明湿空气距离饱和状态越远,空气越干燥,吸收水蒸气的能力越强;φ 值越大,说明湿空气接近饱和状态,空气较潮湿,吸收水蒸气的能力越弱。当 φ 值为零时,空气为干空气;当 φ 值为100%时,空气为饱和状态空气。由此可见,相对湿度和绝对含湿量的不同之处在于相对湿度只能反映湿空气接近饱和的程度,而绝对含湿量只能表示湿空气中水蒸气的具体含量。

在空气调节过程中,常需要确定空气状态变化过程中发生的热量交换。湿空气的状态经常发生变化,但状态变化过程的压力变化一般很小,近似于等压过程。根据工程热力学知识,在等压过程中,可用焓差来表示热交换量。因此湿空气的比焓是以 1 kg 干空气为基础的,1 kg 干空气的比焓和 d kg 水蒸气的比焓的总和,称为 $(1+d)$ kg 湿空气的比焓。

干空气的比焓为

$$h_g = c_{p,\,g}t = 1.005t \ (\text{kJ/kg})$$

水蒸气的比焓为

$$h_q = c_{p,\,q}t + 2\,500 = 1.84t + 2\,500 \ (\text{kJ/kg})$$

因此,湿空气的比焓为

$$h = 1.005t + d(1.84t + 2\,500) = (1.005 + 1.84d)t + 2\,500d$$

式中 $c_{p,\,g}$ ——干空气的比定压热容,常温下为 1.005 kJ/(kg·K);

$c_{p,\,q}$ ——水蒸气的比定压热容,常温下为 1.84 kJ/(kg·K),2 500 kJ/kg 是 0℃ 时的水的汽化潜热。

湿空气的比焓随温度的升高而增加,随含湿量的增加而增加。

露点温度是在含湿量不变的条件下,湿空气达到饱和时的温度。将未饱和的空气冷却,并且保持其含湿量不变,随着空气温度的降低,所对应的饱和含湿量也降低,而实际含湿量并未变化。因此空气的相对湿度增大,当温度降低至 t_L 时,空气的相对湿度达到 100%。此时,空气的含湿量达到饱和,如果再继续冷却,则会有凝结水出现。该状态空气的露点温度 t_L 即为空气开始结露时的临界温度。

由上述可见,在一定的大气压下,湿空气的状态参数之间是有一定关系的。湿空气的焓湿图正是利用这些关系将湿空气的各状态参数综合表达在一张图上。图上的每一点不仅代表了湿空气的某一种状态,并具有确定的状态参数;图上的一条线就表示湿空气状态的变化过程。为便于实际应用且直观地描述湿空气状态变化过程,常用焓湿图来表示湿空气状态参数之间的变化关系。因此,在本任务中,通过测得某一空气状态点的干球温度和相对湿度值,查焓湿图来确定该状态点的其他参数,如露点温度、水蒸气分压力等。

2. 湿空气参数的测量方法

湿空气中有些状态参数是可以直接测量得到的,如干球温度、相对湿度;有些状态参数是无法直接测量得到的,只能通过间接测量后计算得到,如绝对含湿量、比焓。

从仪器的分类来说,有手持式空气温湿度仪、空气温湿度传感器及空气温湿度自计仪等。

手持式空气温湿度仪是便携式的仪器,只要将仪器的探头置于被测空间,即可从仪器显示屏读取实时的空气干球温度和相对湿度值,通常用于现场测试中。

空气温湿度传感器通常安装于实际的空调系统或空气处理机组中,将空气的温度量和湿度量转换成容易被测量处理的电信号输出,便于将采集到的数据用于系统或机组的控制中,因此空气温湿度传感器是实际工程常用的测量空气状态的仪器。

空气温湿度自计仪则是另一种现场测试常用的设备,通常用于较长时间的测试工况。它耗电量小,可以设置任意的采样周期,置于被测空间自动采集并记录数据,待整个测试工况完成后,通过计算机导出整个测试工况期间的所有数据,便于分析空间内空气状态的变化过程。

无论是哪种仪器,一般都是通过直接测量空气的干球温度和相对湿度值来确定空气状态点。本任务中,将空气温湿度传感器安装于空气处理机组中来获得某一空气状态点的干球温度和相对湿度值。

3. 湿空气参数的测试装置

为了能充分掌握湿空气参数在工程中的应用,通过同时采集安装于组合式空调机组不同功能段的空气温湿度传感器的信号来获得多个不同的空气状态点的参数。

组合式空调机组是由各种空气处理功能段组装而成的一种空气处理设备,用户可以根据自己的需要选取不同的功能段进行组合。空气处理功能段主要有新回风混合段、过滤段、热水盘管段、冷水盘管段、再热段、加湿段、送风机段、模拟负荷段、回风机段、热回收段等单元体。由于实际的组合式空调机组直接将处理好的风送入空调房间,送风与室内空气充分混合后再通过回风口进入回风机段,因此在测试用组合式空调机组中特意增加了一个功能段(即模拟负荷段),由此来将送风机段和回风机段连接起来,从而构成整个空气回路。组合式空调机组使用灵活方便,是目前应用比较广泛的一种空调机组。为了能准确控制送风状态点,在组合式空调机组的各功能段中往往需要安装温湿度传感器、流量传感器和电动调节阀等来保证空调机组的正常运行。

四、任务实施

本任务采用空气温湿度传感器测量组合式空调机组的新风、混合空气、冷盘管后的空气、送风、回风六个空气状态点的温度和湿度(含湿量或相对湿度),传送到PLC中进行数据处理,并显示在PLC组态软件的图形界面上。利用这些参数,可以通过查焓湿图或用公式计算焓值、露点温度、水蒸气分压力等参数。该PLC同时用来控制组合式空调机组的运行。

实验中所测试的组合式空调机组原理如图1-3-1所示。

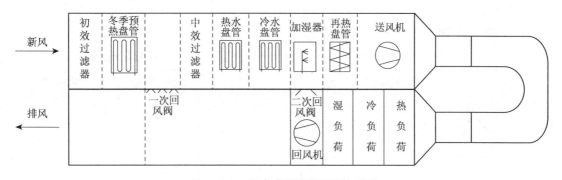

图 1-3-1   组合式空调机组结构原理

该组合式空调机组依据空气流程分为三部分:第一部分为送风段,该段工作单元包括初效过滤器、冬季预热盘管、中效过滤器、热水盘管、冷水盘管、加湿器、再热盘管、送风机;第二部分为模拟负荷,该部分是为了模拟负荷而特意增加的,它由电加热器、冷水盘管及加湿器来分别模拟冷负荷、热负荷和湿负荷;第三部分则为回风段,该段由回风机和回风管道组成。所有温湿度传感器的数据PLC采集后,转换成温湿度参数并在组态软件的图形界面上显示。同时,

PLC控制程序根据冷水盘管后的出风温度的测量值来实时调节冷冻水电动调节阀的开度,使出风温度的测量值与设定值之间的偏差保持在允许误差范围之内。在机组中,一共有四个风阀:新风阀是机组空气的入口,在初效过滤器之前;排风阀是机组空气的出口;一次回风阀和二次回风阀都在回风段。因此机组还可以用于设计一次回风系统、二次回风系统以及过渡季空气侧经济器的实验。另外,本实训装置亦可用于表冷器的性能测试。

1. 操作步骤

(1) 了解各空气状态点的测定位置选择方法。

(2) 在测试任务开始前,需要检查各传感器的状态是否都处于可运行状态,然后对所有传感器进行校准,确保整个系统正常。在经过至少 24 h 长时间静置空调机组后,正式读取并记录各传感器的初始值,以新风状态点为基准,计算其他传感器的误差值,用于校准最终的实验数据。

(3) 开启冷热源机房的水泵,运行几分钟后,再开启冷水机组,给组合式空调机组提供冷冻水,然后开启组合式空调机组的风机,运行空调机组的控制程序,设置冷水盘管后的出风温度为合理温度值(如 16℃～19℃)。

(4) 当冷盘管后出风温度保持在允许误差范围内时,可认为机组已进入稳定运行状态。记录此时各点测试数据。

2. 测试报告

(1) 记录任务开始之前的各传感器的初始状态值,并计算各传感器的干球温度误差和绝对含湿量误差。

(2) 实训装置启动并运行稳定后,读取记录各传感器的空气状态点的干球温度和相对湿度,并以误差值进行修正。

(3) 根据修正后的数据,在焓湿图上标注出各空气状态点,并查表读取各状态点的其他参数,如绝对含湿量、焓值、露点温度和水蒸气分压力。

(4) 根据新风、回风和混合空气的状态计算新回风比例。

3. 数据记录及计算

(1) 原始数据记录(表 1-3-2,表 1-3-3,表 1-3-4)。

表 1-3-2　任务开始之前(此时假设所有空气状态点一致,以新风状态点为基准)

空气状态点	干球温度 /℃	相对湿度	绝对含湿量 /[g·kg⁻¹(干空气)]	干球温度 误差/℃	绝对含湿量误差 /[g·kg⁻¹(干空气)]
新风				—	
冬季预热盘管后的新风					
一次混合送风点					
冷盘管后空气					
送风机前空气					
送风机后空气					
回风					
排风					

表 1-3-3　测试工况运行数据

空气状态点	干球温度/℃	相对湿度	绝对含湿量/[g·kg⁻¹(干空气)]	修正后的干球温度/℃	修正后绝对含湿量/[g·kg⁻¹(干空气)]
新风					
冬季预热盘管后的新风					
一次混合送风点					
冷盘管后空气					
送风机前空气					
送风机后空气					
回风					
排风					

表 1-3-4　数据处理表格

空气状态点	修正后的干球温度/℃	修正后的绝对含湿量/[g·kg⁻¹(干空气)]	相对湿度	焓值/(kJ·kg⁻¹)	露点温度/℃	水蒸气分压力/Pa
新风						
冬季预热盘管后的新风						
一次混合送风点						
冷盘管后空气						
送风机前空气						
送风机后空气						
回风						
排风						

（2）测试过程记录（表 1-3-5）。

表 1-3-5　测试过程记录

测试中出现的问题	
原因分析和解决方案	
对本次测试的建议	

4. 思考题

空气温湿度传感器的误差修正为什么要以空气绝对含湿量为基准？

5. 考核内容与评价标准

考核内容与评价标准见表 1-3-6。

表 1-3-6　考核内容与评价标准

序号	考核内容	分值	评价标准	得分
1	实训装置部件的识别	20	是否准确识别实训装置各部件	
2	测试仪器的规范使用	25	使用仪器是否规范,是否爱护仪器	
3	学习态度及与组员合作情况	10	测试过程是否积极主动,是否与组员和谐协作	
4	安全操作	10	是否按照安全要求进行操作	
5	设施复位,场地清洁等	5	善后工作是否主动较好完成	
6	测试报告	30	实验数据处理结果是否正确,报告内容是否充实,格式是否规范,书写是否整洁	
合计		100		

五、教学设计

教学设计见表 1-3-7。

表 1-3-7　教学设计

能力描述	具有空气调节课程的基本知识; 具有独立学习、独立计划、独立工作的能力,具有合作、交流等能力	
目标	理解湿空气的物理性质; 熟悉组合式空调机组的基本结构、组成部件和基本工作原理; 掌握湿空气焓湿图的使用方法;了解湿空气参数在工程中的测试方法; 熟悉 PLC 组态软件的图形界面	
教学内容	湿空气的物理性质;湿空气的焓湿图; 组合式空调机组的基本结构、组成部件和基本工作原理; 湿空气参数在工程中的测试; 认识 PLC 组态软件的图形界面	
学生应具备的知识和基本能力	所需知识:湿空气性质的基本知识 所需能力:正确使用仪器仪表的能力;团队协作能力	
教学媒体: 多媒体、实训装置	教学方法: 采用仿真教学法	
教师安排: 具有工程实践经验,并具有丰富教学经验,能够运用多种教学方法和教学媒体的教师 1 名	教学地点: 校内实训室	
评价方式: 学生自评;教师评价	考核方法: 过程考核;结果考核	

六、任务评价

　　通过本任务的学习,学生通过观察实物熟悉组合式空调机组的基本结构、组成部件,了解基本工作原理;在了解了湿空气参数的工程测试方法之后,通过实测数据理解湿空气的物理性质,掌握湿空气焓湿图的使用方法;通过仿真教学和实践操作熟悉 PLC 组态软件的图形界面,进一步锻炼学生沟通能力和独立处理信息的能力。

参考文献

[1] 陆亚俊,马最良,邹平华.暖通空调[M].北京:中国建筑工业出版社,2002.

[2] 赵荣义,范存养.空气调节[M].4 版.北京:中国建筑工业出版社,2009.

[3] 黄翔.空调工程[M].2 版.北京:机械工业出版社,2014.

项目二

建筑设备性能检测

　　一个典型的空调系统由空调水系统、空调风系统、空气处理设备、空调冷热源及空调自动控制和调节装置五大部分组成。水泵是空调水系统的主要耗能设备,实际工程中水泵的变频控制将对水泵的能耗有直接的影响;风机是空调风系统的主要耗能设备;换热器和表冷器则是空气处理设备中的主要能量交换装置,它们的换热性能直接影响空气处理设备的效率,从而间接影响空调系统的能耗;制冷机组的性能是空调冷热源能耗的决定性因素。

　　本项目仅仅围绕建筑空调系统中的主要耗能设备展开,对这些建筑设备进行性能测试。通过学习,学生将掌握对建筑设备性能的具体测试方法,掌握各建筑设备的性能特点,为后期空调冷热源系统的测试与评价及建筑能耗检测平台实训做好知识和技能准备。

任务一　水泵流量特性与效率的测试

测试时间		年级、专业	
测试者姓名		同组者姓名	

一、任务提出

离心式水泵是常见的流体输送机械,在建筑采暖、空调和给排水系统中,以及其他行业的工艺设备系统中有着广泛的应用。水泵的流量特性与效率是水泵最主要的参数,也是流体力学(泵与风机)和建筑设备课程中需要重点讲解和要求学生掌握的内容。而通过改变水泵转速获得不同的流量特性,以及尽可能使水泵工作在高效区间内,则是建筑自动化系统中有关空调系统自动化和建筑节能的重要内容。本任务通过自行设计的实训装置对离心式水泵进行特性与效率测试。

二、任务分析

知识目标:了解实验装置的组成与工作原理,主要设备和仪器仪表的性能及其使用方法。

技能目标:掌握水泵的基本实验方法及各参数的测试技术(直接读取流量、扬程、功率等参数;间接计算得到不能直接读取的参数);掌握水泵输出功率、效率的计算方法;手动测绘水泵的扬程—流量曲线和效率—流量曲线,了解两条性能曲线的用途;熟练应用 Office 软件绘制水泵性能曲线。

能力目标:进一步锻炼沟通能力、团队协作能力和独立处理信息的能力。

本任务建议学时为 2 学时。教学组织推荐使用引导文教学法和演示教学法相结合,通过问题引导介绍水泵的主要参数及其关系,再通过演示教学法演示实训装置的启停和工况调节的操作方法。

三、知识铺垫

1. 常用水泵的分类

流体管网在转运、分配流体与能量时,流体自身会产生水头损失,即流体本身的机械能会降低,从而需要消耗大量的能量。有压流体在管网内的流动中所消耗的能量一般要依靠水泵来提供。水泵是利用外加能量输送流体的流体机械。根据水泵的工作原理,水泵通常可以分为容积式、叶片式和其他类型。

容积式水泵在运转时,内部的工作体积不断发生变化,从而吸入或排出流体。按其结构不同,可进一步分为往复式和回转式两种。往复式是借助活塞在气缸内的往复作用使缸内容积反复变化,以吸入和排出流体。回转式是指机壳内的转子或转动部件旋转时,转子与机壳之间的工作容积发生变化,借以吸入和排出流体。

叶片式水泵的主要结构是可旋转的、带叶片的叶轮和固定的机壳。通过叶轮的旋转对流体做功,从而使流体获得能量。根据流体的流动情况,叶片式水泵可进一步分为离心式、轴流式、混流式、贯流式等。其中离心式水泵是建筑环境与设备工程类专业中最常见的水泵。

2. 离心式水泵的性能曲线

离心泵在启动前,应先用水灌满泵壳和吸水管道,然后启动电机,使叶轮带动水体在泵壳内做高速旋转运动。在离心力的作用下,水被甩出叶轮,经涡形泵壳的流道进入压力管,进而在管网中产生压力流动。与此同时,水泵和吸水管中因无水体而形成真空,从而吸水池的水体在大气压力作用下经吸水管流入水泵,并与水泵叶轮一道高速旋转,继而获得能量。在水泵电机的带动下,水体源源不断地吸入水泵获得能量并输送至管网。

水泵的工作过程实质是一个能量的转换和传递的过程,它把电动机高速旋转的机械能转换为被抽升液体的动能和势能,同时在这个转换和传递过程中,还伴随有能量的损失。水泵内能量损失的多少决定了水泵的工作效率,水泵的特性曲线也因此而发生变化。

一定质量的液体通过水泵后,其机械能的增量等于水泵对液体所做的功,即液体在水泵内所获得的净机械能;有效功率是指单位时间内通过水泵的液体所获得的净机械能,也就是在单位时间内水泵对液体所做的功。其计算公式为

$$P_w = \rho QHg + \frac{1}{2}\rho Qv^2$$

式中　　P_w——有效功率,W;

　　　　ρ——密度,kg/m³;

　　　　Q——体积流量,m³/s;

　　　　H——水泵扬程,mH₂O,1mH₂O=9.81 kPa;

　　　　g——重力加速度,g=9.81 m/s²;

　　　　v——水流速度,m/s。

水泵的轴功率(P_2)可通过电机功率 $N_{电机}$ 乘以相应的电机效率 $\eta_{电机}$ 得到:

$$P_2 = N_{电机}\ \eta_{电机}$$

水泵的效率 η 为有效功率(P_w)和水泵轴功率(P_2)之比,用于表示水泵的轴功率 P_2 被流体利用的程度。水泵的效率 η 是评价水泵性能好坏的一项重要指标。η 越大,说明在同样的 P_w 下水泵消耗的能量越小,效率越高。除了 P_2 以外,用于评价水泵总体效率的参数还有 P_1(动力机械输入功率),P_2 与 P_1 之比为传动效率 η_t(直接连接时,η_t=1;联轴器传动时,η_t=0.98;V 形带传动时,η_t=0.95~0.96;平皮带传动时,η_t=0.92;平皮带半交叉传动时,η_d=0.9)与动力机械(如电动机)效率 η_d(小型电动机 η_d 为 75%~85%,大型电动机 η_d 为 85%~94%)的乘积。

水泵的性能曲线可以直观地反映水泵的总体性能,它对水泵的选型以及经济合理的运行都起着非常重要的作用。水泵性能曲线是指在一定转速下,以流量为基本变量,其他各参数随流量改变而改变的曲线。常用的性能曲线有:流量—扬程($Q-H$)曲线、流量—功率($Q-P$)曲线、流量—效率($Q-\eta$)曲线。若以流量为横坐标,扬程为纵坐标,将所得的不同流量下的各点扬程用一条光滑曲线连接起来,此曲线即为水泵的流量—扬程特性曲线。以流量为横坐标,轴功率为纵坐标,可测得水泵的流量—功率特性曲线。用同样的方法,可以

得出水泵的流量—效率特性曲线。

当水泵型号确定,水泵的转速一定时,水泵的效率、扬程以及轴功率等特性也随之确定。由于水泵内的水流运动很复杂,目前还没有完全符合泵内的水流运动情况的水力计算法,因此,对于水泵特性曲线的求得,通常采用"性能试验"来进行实测。

3. 水泵在管网系统中的工作状态点

实际的水泵都是在管路系统中工作的,其工作点的参数与水泵本身的特性有关,也与管路系统的特性有关。将水泵在管网中的实际性能曲线中的流量-扬程曲线与其接入管网系统的管网特性曲线,用相同的比例尺、相同的单位绘制在同一直角坐标系上,两条曲线的交点,即为水泵在该管网系统中的工作状态点,或称之为运行工况点。在这一点上,水泵的工作流量即为管网中通过的流量,提供的扬程与管网在该流量下的阻力相一致。因此,水泵在管网中的工作状态点是由其自身的性能和管网特性共同确定的。水泵的性能曲线表明,水泵可以在多种不同的流量和扬程的组合下工作,但是,在某一时刻,当在实际管网系统中运行时,它只能工作在性能曲线上的某一点上。

无论是水泵还是管路的特性发生改变,都将引起水泵的工作点发生变化,水泵的流量、扬程、轴功率、效率及其他一些特性参数也随之发生变化。利用这一原理,通常可以采用两种基本方法对水泵的性能进行实测。

方法一:水泵的转速不变,改变管路特性。

这种方法是在保持水泵转速不变的条件下,改变管路特性,以达到改变水泵工作点的目的,如图 2-1-1(a)所示。当管路特性 H-Q 从 1 变化到 3 时,工作点从 M_1 变到 M_3,流量、扬程、轴功率、效率也随之改变。改变管路特性方法较多,如改变管路阻力、输送介质的密度和黏度、吸水容器内的水位及压强等。多数实验都采用改变管路阻力的办法来进行,常用的简单易行的方法是节流,即改变出口阀门开度。这种调节方法十分简单,应用最广。

由于增加了阀门阻力,额外增加了压力损失,因此采用调节阀门来减小流量是不节能的,这种方法仅限用于短暂性的减小流量调节。对于液体管路,水泵的调节阀通常只能安装在压出管上,这是因为吸入管上设置调节阀,增加吸入口的真空值,可能引起泵的气蚀而损坏水泵。

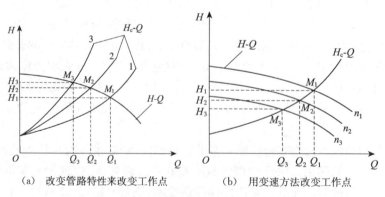

(a) 改变管路特性来改变工作点　　(b) 用变速方法改变工作点

图 2-1-1　改变水泵工作点的两种方式

方法二:管路特性不变,改变水泵的转速。

这种方法是通过改变水泵的转速来改变其特性的。由于管路特性不变,水泵的工作点将随转速的变化而改变,如图 2-1-1(b)所示。当转速从 n_1 变到 n_3 时,工作点从 M_1 变到 M_3,流量从 Q_1 变为 Q_3,扬程从 H_1 变为 H_3,所对应的轴功率 P 和效率也随之变化。这种方法的关键是水泵必须能变速,实验室通常采用变频器来实现。同时,当这种方法用于降低转速来调小流量时,节能效果非常显著。因此,实际工程中如何通过水泵变频调速来实现满足流量的要求也是节能措施中非常重要的一种。

在本任务中同时采用了这两种实验方法,首先采用方法一,变频器运行在一定频率下稳定水泵的转速,通过调节阀门节流即改变管路阻力特性来调节管路中水的流量,从而获得这一运行频率不同流量下的水泵扬程、功率等参数值,据此绘制这一运行频率下水泵的性能曲线。然后采用方法二,通过变频器改变水泵的运行频率进而改变水泵的转速,再利用方法一,得到另一运行频率下水泵的性能曲线。

4. 水泵的稳定工作区和非稳定工作区

大多数水泵的流量-扬程曲线是平缓下降的曲线,这种情况下运行工况是稳定的。对于具有驼峰形性能曲线的水泵,在其扬程峰值点的右侧区域运行时,水泵的工作状态能自动保持平衡,稳定工作,这一区域称为稳定工作区;在性能曲线峰值的左侧区域运行时,水泵的工作状态不稳定,此区域为非稳定工作区。而水泵的最佳工作区是指其运行得稳定又经济的工作区域,一般是水泵最高效率的 $90\%\sim95\%$ 范围内的区域。

5. 水泵的选用原则

根据输送液体物理化学性质(温度、腐蚀性等)选取适用种类的水泵;水泵的流量和扬程应能满足使用工况下的要求,并且应有 $10\%\sim20\%$ 的富余量;水泵的运行工况点应经常处于较高效率值范围内;当流量较大时,宜考虑多台并联运行,并联台数不宜过多,尽可能采用相同型号的水泵并联;必须考虑系统静压对泵体的作用,工作压力应在泵壳体和填料的承压能力范围之内。

四、任务实施

实训装置如图 2-1-2 所示。实训装置设备信息见表 2-1-1。

表 2-1-1 实训装置设备信息

设备名称	描述	设备名称	描述
循环水箱	循环工况下的储水装置	流量传感器	根据输出信号确定管路流量
循环泵	最大流量:5 m³·h⁻¹ 最大扬程:22 m	手动调节阀	手动调节阀门开度,改变管路流量
真空压力表	水泵入口压力应该是负压	水泵频率调节旋钮	调节水泵的运行频率
压力表	水泵出口压力为正压	变频器控制面板	可读取水泵与变频器的总功率

根据测试目的,可自行对实验装置进行设计。如图 2-1-2 所示为实训装置最基本的部件,循环水箱中左侧两块挡板的作用是沉淀水中杂质,避免杂质进入水循环,保护水泵。实验台实际构建时亦可考虑安装差压传感器来代替安装在循环水泵前后的压力表,从而可以直接读取循环水泵的扬程值。

实训装置管路中流量($m^3 \cdot h^{-1}$)和流速($m \cdot s^{-1}$)由电磁流量传感器直接测量读取。

水泵的扬程(mH_2O)是进口断面和出口断面之间的总水头差。由于水泵的进、出口流

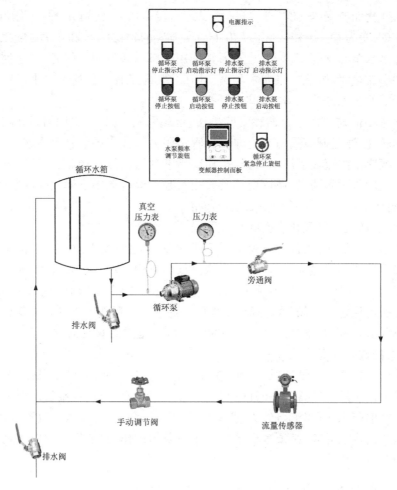

图 2-1-2 实训装置

体动能差很小,可以忽略不计,同时真空表和压力表非常接近水泵进口和出口,且安装高度一致,因此水泵的扬程近似为压力表与真空压力表读数(MPa)之差乘以 $100 \, \mathrm{mH_2O}$。

实训装置另外安装了一个单独的电控箱,水泵运行频率(Hz)可以由变频器的频率旋钮来调节改变运行工况,水泵功率与变频器功率之和(kW)可以从变频器控制面板直接读取。

1. 操作步骤

(1)检查实训装置完好,打开电动调节阀的旁通阀,将三通阀置于循环状态,将手动调节阀完全开启。

(2)将水泵频率调节旋钮向逆时针方向旋到底,合上电源开关,检查配电箱是否通电,电源指示灯是否点亮。

(3)启动循环泵,观察变频器控制面板上的频率、电流和功率读数,此时频率读数应为 20 Hz。然后向顺时针方向缓慢旋转水泵频率调节按钮,将水泵运行频率调至 50 Hz。

(4)待流量计读数稳定后,记录流量计的流量(此时得到的流量值即为水泵在该频率下的最大流量)与流速值、水泵前后压力表的压力值和变频器控制面板的功率值(注意:控制面板上显示的功率值包括电动机的输入功率和变频器自身消耗的功率)。

(5) 保持变频器频率不变,调节手动调节阀减小水流量,均匀分布流量值,直至最小流量值(约 0.3 m³/h),重复步骤(4),需至少得到 5 组不同流量的数据。

(6) 再将手动调节阀完全开启,将水泵运行频率分别设置为 45 Hz,40 Hz,35 Hz 和 30 Hz,重复实验步骤(4)、(5),共得到 5 个不同频率下的至少 25 组数据。

(7) 全部测试步骤完成后,将手动调节阀完全开启,调节变频器频率至 20 Hz,然后关闭循环泵。

(8) 一旦在测试过程中出现异常情况,应立即按下循环泵紧急停止按钮,确保安全。

2. 测试报告

(1) 列表记录各工况下水的质量流量、流速、水泵进出口压力值和输入功率,并计算各工况下的水泵效率。

(2) 在图上分别绘出 50 Hz,45 Hz,40 Hz,35 Hz,30 Hz 下的水泵的扬程—流量(H-Q)曲线,并按二次曲线拟合,得到拟合方程和 R^2 值。

(3) 通过计算,绘出对应频率下的效率—流量(η-Q)曲线,并标出高效区间(该频率下最高效率的 70% 以上)。

(4) 将 50 Hz 时的实验结果与样本性能曲线(图 2-1-3)比较,并进行自我评价。

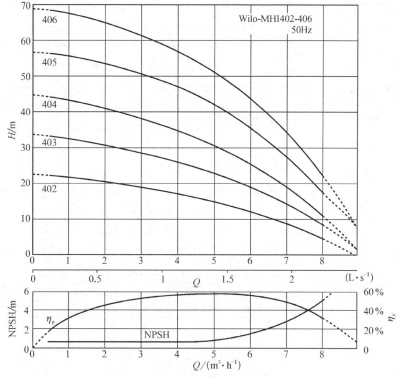

图 2-1-3 水泵样本性能曲线

注:图中 NPSH 是 Net Positive Suction Head 的缩写,直译为净正吸入水头,我国习惯称为汽蚀余量。

3. 数据记录及计算

(1) 原始数据记录及计算(表 2-1-2)。

表 2-1-2 原始数据记录及计算

1	50 Hz							
	实测流量	入口压力	出口压力	实测扬程	流速	输出功率	输入功率	效率
	$Q/(\mathrm{m^3 \cdot h^{-1}})$	P_1/MPa	P_2/MPa	$H/\mathrm{mH_2O}$	$v/(\mathrm{m \cdot s^{-1}})$	P_w/W	P_1/W	η
1.1								
1.2								
1.3								
1.4								
1.5								
1.6								
1.7								
2	45 Hz							
	实测流量	入口压力	出口压力	实测扬程	流速	输出功率	输入功率	效率
	$Q/(\mathrm{m^3 \cdot h^{-1}})$	P_1/MPa	P_2/MPa	$H/\mathrm{mH_2O}$	$v/(\mathrm{m \cdot s^{-1}})$	P_w/W	P_1/W	η
2.1								
2.2								
2.3								
2.4								
2.5								
2.6								
2.7								
3	40 Hz							
	$Q/(\mathrm{m^3 \cdot h^{-1}})$	P_1/MPa	P_2/MPa	$H/\mathrm{mH_2O}$	$v/(\mathrm{m \cdot s^{-1}})$	P_w/W	P_1/W	η
3.1								
3.2								
3.3								
3.4								
3.5								
3.6								
3.7								
4	35 Hz							
	$Q/(\mathrm{m^3 \cdot h^{-1}})$	P_1/MPa	P_2/MPa	$H/\mathrm{mH_2O}$	$v/(\mathrm{m \cdot s^{-1}})$	P_w/W	P_1/W	η
4.1								
4.2								
4.3								
4.4								
4.5								
4.6								
4.7								

（续表）

5	30 Hz						
	$Q/(\mathrm{m^3 \cdot h^{-1}})$	P_1/MPa	P_2/MPa	$H/\mathrm{mH_2O}$	$v/(\mathrm{m \cdot s^{-1}})$	P_w/W	P_1/W	η
5.1							
5.2							
5.3							
5.4							
5.5							
5.6							
5.7							

（2）绘制水泵性能曲线及确定拟合方程（表 2-1-3）。

表 2-1-3 绘制水泵性能曲线及确定拟合方程

水泵运行频率/Hz	性能曲线（横坐标表示流量，左侧纵坐标表示扬程，右侧纵坐标表示水泵效率）	扬程—流量（H-Q）的二次曲线拟合方程	拟合方程的 R^2 值
50			
45			
40			
35			
30			
测试中出现的问题			
原因分析和解决方案			
对本次测试的建议			

4. 思考题

计算得到的水泵效率与样本曲线比较是否一致？如不一致，试说明偏差的原因。

5. 考核内容与评价标准

考核内容与评价标准见表 2-1-4。

表 2-1-4 考核内容与评价标准

序号	考核内容	分值	评价标准	得分
1	实训装置部件的识别	20	是否准确识别实训装置各部件	
2	测试仪器的规范使用	25	使用仪器是否规范,是否爱护仪器	
3	学习态度及与组员合作情况	10	测试过程是否积极主动,是否与组员和谐协作	
4	安全操作	10	是否按照安全要求进行操作	
5	设施复位,场地清洁等	5	善后工作是否主动较好完成	
6	测试报告	30	实验数据处理结果是否正确,报告内容是否充实,格式是否规范,书写是否整洁	
合计			100	

五、教学设计

教学设计见表 2-1-5。

表 2-1-5 教学设计

能力描述	具有建筑设施系统测试的知识;水泵的知识; 具有独立学习、独立计划、独立工作的能力,具有合作、交流等能力	
目标	掌握水泵的基本实验方法及其各参数的测试技术; 掌握水泵输出功率、效率的计算方法	
教学内容	水泵的基本实验方法及其各参数的测试技术(直接读取流量、扬程、功率等参数;计算间接得到不能直接读取的参数); 水泵输出功率、效率的计算方法;性能曲线的用途; 应用 Office 软件绘制水泵性能曲线的方法	
学生应具备的知识和基本能力	所需知识:水泵的基本知识,基本测试仪器仪表的知识; 所需能力:正确使用仪器仪表的能力;团队协作能力	
教学媒体: 多媒体、实训装置	教学方法: 采用引导文教学法和演示教学法	
教师安排: 具有工程实践经验,并具有丰富教学经验,能够运用多种教学方法和教学媒体的教师 1 名	教学地点: 校内实训室	
评价方式: 学生自评;教师评价	考核方法: 过程考核;结果考核	

六、任务评价

　　本任务通过引导文教学法和演示教学法相结合,使学生掌握水泵的基本实验方法以及直接测量参数和间接测量参数的测试技术;掌握水泵输出功率、效率的计算方法;进一步锻炼沟通能力、团队协作能力、独立处理信息能力和应用计算机辅助软件的能力。

　　由于离心式风机也是建筑环境与设备工程类专业使用较广泛的设备,因此下一任务是离心式风机特性与效率的测试。同时,离心式风机与离心式水泵的理论基础相似,通过重复类似任务的测试帮助学生更好地掌握相关知识。

参考文献

[1] 周谟仁. 流体力学泵与风机[M]. 北京:中国建筑工业出版社,1996.

[2] 向文英,江岸. 流体力学与水泵实验教程[M]. 北京:化学工业出版社,2009.

[3] 李春. 水泵现代设计方法[M]. 上海:上海科学技术出版社,2010.

[4] 赵周礼,穆为明,张文钢,等. 泵与风机的节能技术[M]. 上海:上海交通大学出版社,2013.

[5] 闫庆绂. 泵与风机实验[M]. 北京:水力电力出版社,1991.

任务二　离心式风机特性与效率的测试

测试时间		年级、专业	
测试者姓名		同组者姓名	

一、任务提出

风机与水泵都是利用外加能量输送流体的流体机械,都是建筑环境与设备工程类专业使用最广泛的动力设备。本任务将对离心式风机进行特性与效率的测试。

二、任务分析

知识目标:熟悉实训装置的组成结构与工作原理,熟悉离心式风机的构造。

技能目标:掌握离心式风机性能实验的方法和相关参数的计算方法;掌握通过实验测绘离心式风机性能曲线的方法。

能力目标:锻炼表达能力、观察事物的能力以及独立分析处理数据的能力。

本任务建议学时为2学时。教学组织推荐使用仿真教学法、演示教学法等,通过风机的仿真模具讲解风机构造,并通过演示教学法演示实训装置的操作方法。

三、知识铺垫

1. 常用风机的分类

风机与水泵都是利用外加能量输送流体的流体机械,风机的分类与水泵完全一致。其中离心式风机是建筑环境与设备工程类专业中最常见的风机类型。

2. 离心式风机的性能参数

当风机的叶轮随原动机的轴旋转时,处在叶轮叶片间的流体也随叶轮高速旋转,此时空气受到离心力的作用,经叶片间出口被甩出叶轮。这些被甩出的空气进入机壳后,机壳内空气压强升高,最后由导向风机的出口排出。同时,叶轮中心由于空气被甩出而形成真空,外界的空气在大气压的作用下,沿风机的进口吸入叶轮,如此源源不断地输送空气。因此,离心式风机的工作过程实际上是一个能量的传递和转化过程。它把电动机高速旋转的机械能转化为被输送流体的动能和势能。在这个能量的传递和转化过程中,必然伴随着各种能量损失,损失越大,风机的性能就越差,工作效率越低。通常描述离心式风机性能的参数有流量、全压、功率及效率等。

风机性能曲线实验一般有进气实验、出气实验和进出气联合实验三种方式。进气实验是在风机进口段测量流量、压力等参数;出气实验是在风机出口段测量流量、压力等参数;进出气联合实验是在风机进口段测量流量,在出口段测量压力。本测试采用进气实验方法。

(1) 流量(Q, m³/s)是指单位时间内风机输送的流体的体积流量或质量流量。在本任务中,用进口集流器测得静压后,通过计算得到。

$$Q = \varphi_n A_n \sqrt{\frac{2p_j}{\rho}}$$

式中　φ_n—— 集流器流量系数,圆弧形为 0.99,圆锥形为 0.98;

　　　A_n—— 集流器喉部截面积,m²;

　　　p_j—— 集流器喉部静压,Pa, $p_j = \rho g h_j$;

　　　ρ——测定条件下的空气密度,kg/m³,一般情况下可以通过下式计算得到:

$$\rho = \frac{P_a}{R(273 + t_a)}$$

式中　P_a ——大气压力,Pa;

　　　R——气体常数,287 N·m/(kg·K);

　　　t_a ——空气温度,℃。

(2) 动压是指流体流经叶片后获得的动能。

出口动压

$$p_{d_2} = \frac{1}{2} \rho \left(\frac{Q}{A_2}\right)^2$$

式中,A_2 为风机出口截面积,m²。

进口动压

$$p_{d_1} = \frac{1}{2} \rho \left(\frac{Q}{A_1}\right)^2$$

式中,A_1 为风机进口截面积,m²。

(3) 风机的全压和静压。

风机的全压是指单位体积空气通过风机所获得的能量增量。

风机的静压是指风机全压减去风机的出口动压。

在风机进气实验中,风机出口为大气,故出口静压 $p_{st_2} = P_a$。

则风机的全压为

$$p = p_2 - p_1 = (p_{st_2} + p_{d_2}) - (p_{st_1} + p_{d_1})$$

则风机的静压为

$$p_{st} = p - p_{d_2} = p_{st_2} - p_{st_1} - p_{d_1} = p_a - p_{st_1} - p_{d_1} = \rho g h_1 - p_{d_1}$$

(4) 有效功率表示在单位时间内通过风机的气体获得的总能量,因此也就是质量流量与风机全压的乘积。

$$N_e = \frac{pQ}{1\,000}$$

（5）轴功率是指电动机传递到风机轴上的输入功率（kW）

$$N = \eta_d P_g$$

式中　η_d——电动机效率，可取 0.85；

　　　　P_g——电动机输入功率，可从功率表上读出。

（6）效率是指风机的有效功率与轴功率之比

$$\eta = \frac{N_e}{N}$$

由上述知识可知，风机在某一工况下工作时，其全压 p、轴功率 N、总效率 η 与流量 Q 有一定的关系。当流量 Q 变化时，p，N 和 η 也随之变化。因此，可通过调节流量获得不同工况点的各参数数据。

3. 风机在管网系统中的工作状态点和稳定工作区、非稳定工作区

风机的性能曲线、在管网系统中的工作状态点、稳定工作区、非稳定工作区等概念和离心式水泵一致，这里不再重复。

4. 风机的选用原则

根据风机输送气体的物理化学性质（清洁气体、易燃、易爆、粉尘、腐蚀性等）选取适合用途的风机；风机的流量和扬程应能满足运行工况的要求，并且应有 10%～20% 的富余量；风机的运行工况点应经常处于高效范围内，并在流量-扬程曲线最高点的右侧下降段，以保证运行的稳定性和经济性；对有消声要求的通风系统，应首先选择效率高、转速低的风机，并应采取相应的消声减震措施；风机的运行尽可能避免采用多台并联或串联的方式，当不可避免时，选择相同型号的风机联合工作。

四、任务实施

本测试采用进气实验方法，装置如图 2-2-1 所示。风量采用锥形进口集流器方法测量，实验风管主要由进气管道、进口集流器、整流栅和节流网等组成。这些部件必须满足风机在任何工作条件下，气流流动稳定，避免出现涡流。空气流过风管时，利用集流器和风管测出空气流量和进入风机的静压，整流栅主要是使流入风机的气流均匀。节流网起流量调节作用。

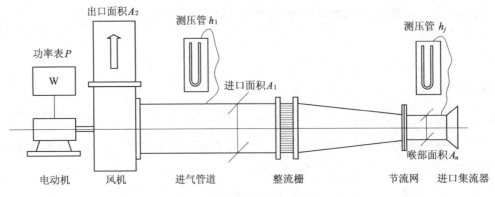

图 2-2-1　离心式风机实验台

1. 操作步骤

(1) 检查各种仪器仪表是否均处于待机状态,注意仔细检查各个接口,保证不漏气,确保实验安全可靠地进行。

(2) 启动风机,待风机运转稳定(即测压管 h_j 的读数不变)1 min 后,读取记录实验数据。用测压管 h_j 测量集流器喉部静压,用测压管 h_1 测量风机进口的静压,用功率表测量电动机输入功率。

(3) 通过增加(或减少)集流器入口节流网层数的方法来调节风机流量,使风机运行于不同的工况点,一般取 10～15 个测量工况(包括全开和全闭工况,并各工况点均匀分布),每一个工况运行稳定 1 min 后再同时读取并记录各实验参数。

(4) 实验结束后停止风机,将设备、测量仪表等恢复原状。

2. 测试报告

(1) 记录实验仪器设备有关参数:被测风机的型号、大气压力、环境温度、集流器喉部面积、风机进口面积、风机出口面积。

(2) 列表记录各工况下的集流器喉部静压、风机进口静压和电动机输入功率。

(3) 在图上分别画出各工况下的风机的性能曲线(以 Q 为横坐标,分别以 p,N,η 为纵坐标绘制实际测定条件下离心式风机的性能曲线)。

3. 数据记录与计算

(1) 原始数据记录及计算(仅供参考,可根据实验内容自行设计)(表 2-2-1)。

表 2-2-1　原始数据记录及计算

被测风机型号		集流器喉部面积 A_n/m^2	
大气压力 P_a/Pa		环境温度 $t_a/℃$	
风机进口面积 A_1/m^2		风机出口面积 A_2/m^2	

测试工况	集流器喉部静压 h_j		风机进口静压 h_1		输入功率 P_g	流量 Q	进口动压 p_{d1}	出口动压 p_{d2}	全压 p	轴功率 N	效率 η
	mmH₂O	Pa	mmH₂O	Pa	kW	$\mathrm{m}^3 \cdot \mathrm{s}^{-1}$	Pa	Pa	Pa	kW	
1											
2											
3											
4											
5											
6											
7											
8											
9											
10											

(2) 绘制风机的性能曲线(表 2-2-2)。

表 2-2-2　绘制风机的性能曲线

性能曲线 (横坐标表示流量,纵坐标表示全压)	
性能曲线 (横坐标表示流量,纵坐标表示轴功率)	
性能曲线 (横坐标表示流量,纵坐标表示效率)	
测试中出现的问题	
原因分析和解决方案	
对本次测试的建议	

4. 思考题

(1) 为什么要测量计算风机的静压?静压有什么用处?

(2) 若采用出气实验或进出气联合实验时,如何来测量得到风机的性能曲线?

5. 考核内容与评价标准

考核内容与评价标准见表 2-2-3。

表 2-2-3　考核内容与评价标准

序号	考核内容	分值	评价标准	得分
1	实训装置部件的识别	20	是否准确识别实训装置各部件	
2	测试仪器的规范使用	25	使用仪器是否规范,是否爱护仪器	
3	学习态度及与组员合作情况	10	测试过程是否积极主动,是否与组员和谐协作	
4	安全操作	10	是否按照安全要求进行操作	
5	设施复位,场地清洁等	5	善后工作是否主动较好完成	
6	测试报告	30	实验数据处理结果是否正确,报告内容是否充实,格式是否规范,书写是否整洁	
	合计		100	

五、教学设计

教学设计见表 2-2-4。

表 2-2-4　教学设计

能力描述	具有建筑设施系统测试的知识; 具有独立学习、独立计划、独立工作的能力,具有合作、交流等能力
目标	掌握离心式风机性能实验的方法和相关参数的计算方法; 掌握通过实验测绘离心式风机性能曲线的方法

(续表)

教学内容	离心式风机相关参数的计算方法;性能曲线的用途; 应用 Office 软件绘制离心式性能曲线的方法	
学生应具备的知识和基本能力	所需知识:离心式风机的基本知识,基本测试仪器仪表的知识 所需能力:正确使用仪器仪表的能力;团队协作能力	
教学媒体: 多媒体、实训装置		教学方法: 采用仿真教学法和演示教学法
教师安排: 具有工程实践经验,并具有丰富教学经验,能够运用多种教学方法和教学媒体的教师 1 名		教学地点: 校内实训室
评价方式: 学生自评;教师评价		考核方法: 过程考核;结果考核

六、任务评价

　　本任务通过仿真教学法、演示教学法等,用风机的仿真模具讲解风机构造,使学生掌握离心式风机性能实验的方法和相关参数的计算方法,并通过实验测绘离心式风机性能曲线。在此过程中,锻炼了学生表达能力、观察事物能力以及独立分析处理数据的能力。

参考文献

[1] 龚光彩. 流体输配管网[M]. 2 版. 北京:机械工业出版社,2013.

[2] 付祥钊,肖益民. 流体输配管网[M]. 3 版. 北京:中国建筑工业出版社,2010.

[3] 靳智平. 热能动力工程实验[M]. 北京:中国电力出版社,2011.

[4] 李东雄,杜渐. 供热通风与空调工程实验实训[M]. 北京:中国电力出版社,2012.

[5] 闫庆绂. 泵与风机实验[M]. 北京:水力电力出版社,1991.

任务三　换热器传热性能的测试

测试时间		年级、专业	
测试者姓名		同组者姓名	

一、任务提出

换热器是用来将高温流体的热量传递给低温流体的装置,它广泛应用于本专业的诸多冷热流体交换热量的设备中。制冷循环中的蒸发器和冷凝器,空调箱中的冷冻水盘管和热水盘管,以及热回收装置中的空气－空气换热设备都是换热器。换热器有气－液换热器、液－液换热器和气－气换热器等各种类型。

换热器传热性能测试的目的是测定换热器的传热系数,以评价其传热性能的优劣,并作为取得传热数据、比较和改进换热器的依据。本任务以应用较为广泛的套管式换热器为实训对象,对其传热性能进行测试。

二、任务分析

知识目标:熟悉套管式换热器的结构及特点。

技能目标:掌握换热器传热性能的测量计算方法;测算套管式换热器的总传热系数,对数平均传热温差及热平衡误差,分析影响换热器性能的因素。

能力目标:锻炼团队合作能力和数据分析处理的能力。

本任务建议学时为2学时。教学组织推荐使用引导文教学法、演示教学法以及实验教学法:通过问题引入介绍换热器的类型和主要性能参数,通过演示教学和实验教学讲解实训装置的工况调节的操作方法。

三、知识铺垫

1. 换热器的分类及其特点

根据工作原理不同,换热器通常分为四类:间壁式、蓄热式、混合式和热管式。

蓄热式换热器也称为回热式换热器,多用于炼焦炉、燃气轮机的空气预热器等,一般以金属或砖类做成流道。其原理是使冷、热流体交替流过同一换热面,当热流体流过换热面时,换热面吸收热量并储存在蓄热体(其表面为换热面)中,此后冷流体流过同一换热面时从蓄热体内吸收热量,从而达到将热量从热流体传给冷流体的目的。这类换热器的特点是流道壁周期性地被热流体和冷流体放热和吸热。在连续的运行中,虽然吸、放的热量相等,但热传递过程却是非稳态的。蓄热式换热器主要用于回收和利用高温废气的热量。

混合式换热器是通过冷、热流体的直接接触、混合进行热量交换的换热器，又称为接触式换热器。混合式换热器只适用于允许冷、热流体直接接触的场合。例如冷却塔就属于这种换热器。

热管式换热器一般由三部分组成：主体为一根封闭的金属管（管壳），管壁是由多隙多孔材料构成的吸液芯结构，热管内部充入沸点低、易挥发的工作液体，并处于负压状态。热管工作利用三种原理：①真空状态下，液体的沸点低；②同种物质的汽化潜热比显热高得多；③多隙多孔结构对液体的抽吸力可使液体流动。通过这三种原理热管将发热物体的热量迅速传递到热源外，具有很强的导热能力。热管沿轴向可分为蒸发段、绝热段和凝结段三部分。当加热热管表面时，毛细管中的工作液体就会迅速蒸发，使蒸发端蒸气的温度和压力都稍稍高于热管的其他部分，蒸气在微小的压力差下流向热管内较冷的一端，此过程中蒸气在热管壁上冷凝成液体，并释放出汽化潜热，将热量传向冷凝端。冷凝液体沿多孔介质材料，靠毛细力的作用流回到蒸发段，如此循环，将热量由热管的一端传至另一端。

间壁式换热器是应用最为广泛的换热器，例如空调机组中的冷凝器。冷、热流体在进行热传递时由固体壁面隔开。热传递包括热流体与壁面间的对流换热，壁中的导热以及壁面与冷流体间的对流换热，有时还包括热辐射。按照流动特征，间壁式换热器可分为顺流式、逆流式和岔流式换热器。顺流换热器中冷、热流体的流动方向一致，逆流换热器中冷、热流体的流动方向相反，岔流换热器中冷、热流体流动方向相互成一定角度。按照几何结构，间壁式换热器可分为套管式换热器、管壳式换热器和板式换热器等。

（1）套管式换热器

套管式换热器是以同心套管中的内管作为传热元件的换热器。两种不同直径的管子套在一起组成同心套管，每一段套管称为一程，程的内管（传热管）接 U 形肘管，而外管用短管依次连接成排，固定于支架上（图2-3-1）。热量通过内管管壁由一种流体传递给另一种流体。通常，热流体（A 流体）由上部引入，而冷流体（B 流体）则由下部引入。

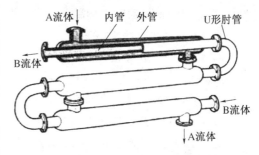

图 2-3-1　套管式换热器

套管中外管的两端与内管采用焊接或法兰连接。内管与 U 形肘管多用法兰连接，便于传热管的清洗和增减。每程传热管的有效长度取 4～7 m。它的主要优点是结构简单，传热效能高，但缺点有：占地面积大；单位传热面积金属耗量多；管接头多，易泄漏；流阻大。为增大传热面积、提高传热效果，可在内管外壁加设各种形式的翅片，并在内管中加设刮膜扰动装置，以适应高黏度流体的换热。

（2）管壳式换热器

管壳式换热器的传热面由管束构成，管子的两端固定在管板上，管束与管板再封装在外壳内，外壳两端有封头。如图 2-3-2 中，一种流体（如图中冷流体）从封头进口流进管子里，在管内流动，再经封头流出，这称之管程；另一种流体（如图中热流体）从外壳上的连接管进入换热器，在壳体与管子之间流动，这称为壳程。管程流体和壳程流体互不掺混，只是通过管壁交换热量。在同样流速下，流体横向流过管子的换热效果要比顺着管面纵向流过时更好,因此外壳内一般装有折流挡板,来改善壳程的换热。

管壳式换热器结构坚固,处理能力大、选材范围广,适应性强,易于制造,生产成本较低,清洗较方便,在高温高压下也能适用。

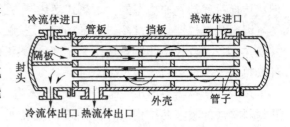

图 2-3-2 管壳式换热器

(3)板式换热器

板式换热器由一组几何结构相同的平行薄平板叠加组成,两相邻平板之间用特殊设计的密封垫片隔开,形成一个通道,冷、热流体间隔地在每个通道中流动。为强化换热并增加板片的刚度,常在平板上压制出各种波纹。板式换热器拆卸清洗方便,故适合于含有易污染物的流体的换热。

2. 换热器的理论计算

(1)换热器的传热方程为

$$Q = KF\Delta t_{\mathrm{m}}$$

(2)热水和冷水热交换平衡方程式为

$$Q_{\mathrm{h}} = Q_{\mathrm{c}}$$

即

$$G_{\mathrm{h}} c_{p,\,\mathrm{h}}(t_{\mathrm{h}_1} - t_{\mathrm{h}_2}) = G_{\mathrm{c}} c_{p,\,\mathrm{c}}(t_{\mathrm{c}_2} - t_{\mathrm{c}_1})$$

式中　Q——换热器整个传热面上的热流量,W;

　　　K——总传热系数,W/(m² · ℃);

　　　F——总传热面积,m²;

　　　Δt_{m}——换热器的平均温差或平均温压,℃;

　　　Q_{h}——热水放热量,W;

　　　Q_{c}——冷水放热量,W;

　　　G_{h},G_{c}——热、冷水的质量流量,kg/s;

　　　$c_{p,\,\mathrm{h}}$,$c_{p,\,\mathrm{c}}$——热、冷水的定压比热,kJ/(kg · ℃);

　　　t_{h_1},t_{h_2}——热水的进、出口温度,℃;

　　　t_{c_1},t_{c_2}——冷水的进、出口温度,℃。

(3)换热器的平均温差,不论顺流、逆流都可以采用对数平均温差的形式,其公式为

$$\Delta t_{\mathrm{m}} = \frac{\Delta t_{\max} - \Delta t_{\min}}{\ln \dfrac{\Delta t_{\max}}{\Delta t_{\min}}}$$

式中　$\Delta t_{\max}$——冷、热水在换热器某一端最大的温差,℃;

　　　$\Delta t_{\min}$——冷、热水在换热器某一端最小的温差,℃。

以热水放热量为基准,设热水放热量和冷水吸热量之和的平均值为换热器的整个传热面上的换热量,则有

$$Q = \frac{Q_{\mathrm{h}} + Q_{\mathrm{c}}}{2}$$

（4）总传热系数方程为

$$K' = \frac{Q}{F \Delta t_m}$$

（5）热平衡误差方程为

$$\delta = \frac{Q_h - Q_c}{Q} \times 100\%$$

热平衡误差常用来评价实验工况的准确性,因此每一个工况结束后,都必须计算热平衡误差,若热平衡误差不在所允许范围内必须查找原因后重新进行实验工况。

四、任务实施

图 2-3-3 所示为换热器实训装置。热水环路运行之前,先通过自来水阀给热水箱注满水,加热后通过水泵送入内管再流回至热水箱。自来水通过自来水阀注入冷水箱后,在顺流工况下,打开阀门 V_3 和 V_1,水流由水泵提供动力依次经过阀门 V_3、换热器套管,然后由阀门 V_1 排出实训装置;在逆流工况下,打开阀门 V_2 和 V_4,水流由水泵提供动力依次经过阀门 V_2、换热器套管,然后由阀门 V_4 排出实训装置。任务开始之前,还应先将内管抽出,擦洗去掉管内外表面明显的锈、水垢等,检验冷水系统各阀门是否严密,关闭时如仍有水漏过,将影响实验结果。实验中,用改变热水流量和热水进口温度来改变实验工况,而冷水侧流量固定不变。

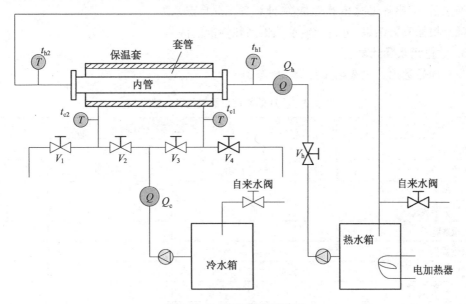

图 2-3-3 换热器实训装置

1. 操作步骤

（1）检查冷水管路及热水管路上的阀门,使其处于最大的开启状态,检查冷水箱及热水箱里的水,水质需清洁,不能有污物及沉淀。

（2）打开电源开关,打开电加热器,将热水箱中的水加热到实验所需的温度（一般为 50℃～60℃）。

（3）启动冷、热水侧的水泵，使实训装置运行起来。

（4）先进行顺流工况的测试，设定电加热器的加热温度为50℃。

（5）热水管路阀门处于全开状态，待工况稳定后，测量冷、热水进出口温度和流量，重复测量两次，每次间隔10 min，以两次测量的平均值，现场计算实验工况的热平衡误差，要求热平衡误差在±5%左右。

（6）保持冷水流量不变，通过调节热水管路阀门的开度改变热水流量（共3个开度），重复步骤（5）进行测量及计算，改变工况后，必须待系统达到稳定状态后，才可进行实验测定。

（7）将热水管路阀门调回至全开状态，改变电加热器的加热温度设定值为55℃和60℃，重复步骤（5）、（6），一共可获得另外6种工况的数据。

（8）进行逆流工况的测试，依次设定电加热器的加热温度为60℃，55℃和50℃，重复步骤（5）、（6），一共可以获得9种工况的数据。

（9）所有工况测量完毕，先关闭电加热器，过5 min后，再关闭冷、热水侧水泵，最后关闭电源。

（10）将热水箱及冷水箱的排水阀门打开，排空水箱中的水，以防长时间不用而损坏设备。

2. 测试报告

（1）根据各工况的测量数据，计算顺、逆流套管式换热器的对数平均温差；计算冷、热水侧的换热量，求出各工况热平衡误差；计算各工况传热系数。

（2）根据实验结果，分析影响换热器换热性能的因素。

3. 数据记录及计算

（1）原始数据记录表格及计算（表2-3-1）。

表2-3-1　原始数据记录表格及计算表格

工况	顺流,热水温度50℃								
热水管路阀门	开度1			开度2			开度3		
测量次数	1	2	平均值	1	2	平均值	1	2	平均值
热水进口温度 t_{h_1} /℃									
热水出口温度 t_{h_2} /℃									
热水流量/(kg·s⁻¹)									
热水散热量/W									
冷水进口温度 t_{h_1} /℃									
冷水出口温度 t_{h_2} /℃									
冷水流量/(kg·s⁻¹)									
冷水吸热量/W									
平均换热量/kW									
平均温差 Δt_m /℃									
总传热系数/[W·(m²·℃)⁻¹]									
热平衡误差									

工况	顺流,热水温度55℃								
热水管路阀门	开度1			开度2			开度3		
测量次数	1	2	平均值	1	2	平均值	1	2	平均值
热水进口温度 t_{h_1}/℃									
热水出口温度 t_{h_2}/℃									
热水流量/(kg·s⁻¹)									
热水散热量/W									
冷水进口温度 t_{h_1}/℃									
冷水出口温度 t_{h_2}/℃									
冷水流量/(kg·s⁻¹)									
冷水吸热量/W									
平均换热量/kW									
平均温差 Δt_m/℃									
总传热系数/[W·(m²·℃)⁻¹]									
热平衡误差									

工况	顺流,热水温度60℃								
热水管路阀门	开度1			开度2			开度3		
测量次数	1	2	平均值	1	2	平均值	1	2	平均值
热水进口温度 t_{h_1}/℃									
热水出口温度 t_{h_2}/℃									
热水流量/(kg·s⁻¹)									
热水散热量/W									
冷水进口温度 t_{h_1}/℃									
冷水出口温度 t_{h_2}/℃									
冷水流量/(kg·s⁻¹)									
冷水吸热量/W									
平均换热量/kW									
平均温差 Δt_m/℃									
总传热系数/[W·(m²·℃)⁻¹]									
热平衡误差									

工况	逆流,热水温度 60℃								
热水管路阀门	开度 1			开度 2			开度 3		
测量次数	1	2	平均值	1	2	平均值	1	2	平均值
热水进口温度 t_{h_1}/℃									
热水出口温度 t_{h_2}/℃									
热水流量/(kg·s^{-1})									
热水散热量/W									
冷水进口温度 t_{h_1}/℃									
冷水出口温度 t_{h_2}/℃									
冷水流量/(kg·s^{-1})									
冷水吸热量/W									
平均换热量/kW									
平均温差 Δt_m/℃									
总传热系数/[W·(m^2·℃)$^{-1}$]									
热平衡误差									

工况	逆流,热水温度 55℃								
热水管路阀门	开度 1			开度 2			开度 3		
测量次数	1	2	平均值	1	2	平均值	1	2	平均值
热水进口温度 t_{h_1}/℃									
热水出口温度 t_{h_2}/℃									
热水流量/(kg·s^{-1})									
热水散热量/W									
冷水进口温度 t_{h_1}/℃									
冷水出口温度 t_{h_2}/℃									
冷水流量/(kg·s^{-1})									
冷水吸热量/W									
平均换热量/kW									
平均温差 Δt_m/℃									
总传热系数/[W·(m^2·℃)$^{-1}$]									
热平衡误差									

工况	逆流,热水温度50℃								
热水管路阀门	开度1			开度2			开度3		
测量次数	1	2	平均值	1	2	平均值	1	2	平均值
热水进口温度 t_{h_1}/℃									
热水出口温度 t_{h_2}/℃									
热水流量/(kg·s^{-1})									
热水散热量/W									
冷水进口温度 t_{h_1}/℃									
冷水出口温度 t_{h_2}/℃									
冷水流量/(kg·s^{-1})									
冷水吸热量/W									
平均换热量/kW									
平均温差 Δt_m/℃									
总传热系数/[W·(m^2·℃)$^{-1}$]									
热平衡误差									

（2）数据分析（表2-3-2）。

表2-3-2　数据分析

分析套管式换热器顺流/逆流对换热性能的影响	
分析流速对换热性能的影响	
测试中出现的问题	
原因分析和解决方案	
对本次测试的建议	

4. 思考题

（1）提高换热器总传热系数的途径有哪些？

（2）冷、热水箱温度不恒定对实验结果有何影响？

5. 考核内容与评价标准

考核内容与评价标准见表2-3-3。

表2-3-3　考核内容与评价标准

序号	考核内容	分值	评价标准	得分
1	实训装置部件的识别	20	是否准确识别实训装置各部件	
2	测试仪器的规范使用	25	使用仪器是否规范,是否爱护仪器	
3	学习态度及与组员合作情况	10	测试过程是否积极主动,是否与组员和谐协作	
4	安全操作	10	是否按照安全要求进行操作	
5	设施复位,场地清洁等	5	善后工作是否主动较好完成	
6	测试报告	30	实验数据处理结果是否正确,报告内容是否充实,格式是否规范,书写是否整洁	
	合计	100		

五、教学设计

教学设计见表 2-3-4。

表 2-3-4 教学设计

能力描述	具有建筑设施系统测试的知识;具有传热学的基本知识; 具有独立学习、独立计划、独立工作的能力,具有合作、交流等能力
目标	掌握换热器传热性能的测量计算方法; 测算套管式换热器的总传热系数,对数平均传热温差及热平衡误差,分析影响换热器性能的因素
教学内容	套管式换热器的结构及特点; 换热器传热性能的测量计算方法; 套管式换热器的总传热系数,对数平均传热温差及热平衡误差的计算方法; 影响换热器性能的因素分析
学生应具备的知识和基本能力	所需知识:传热学的基本知识,基本测试仪器仪表的知识 所需能力:正确使用仪器仪表的能力;团队协作能力

教学媒体: 多媒体、实训装置	教学方法: 采用引导文教学法、演示教学法和实验教学法
教师安排: 具有工程实践经验,并具有丰富教学经验,能够运用多种教学方法和教学媒体的教师 1 名	教学地点: 校内实训室
评价方式: 学生自评;教师评价	考核方法: 过程考核;结果考核

六、任务评价

通过本任务的学习,学生在熟悉套管式换热器的结构及特点的基础上,掌握换热器传热性能的测量计算方法;测算套管式换热器的总传热系数,对数平均传热温差及热平衡误差,进而分析影响换热器性能的因素。同时,锻炼学生数据分析处理的能力,并进一步增强团队协作意识。

组合式空气处理机组中的表冷器是另一种换热器,具体而言是表面式热湿交换设备,它是空气与水之间的换热。因此,下一个任务将着重于实际空气处理机组中的表冷器的换热性能的测试。

参考文献

[1] 杨世铭,陶文铨. 传热学[M]. 4 版. 北京:高等教育出版社,2006.

[2] 战洪仁,张先珍,李雅侠,等. 工程传热学基础[M]. 北京:中国石化出版社,2014.

[3] 张荻. 热与流体实验教程[M]. 西安:西安交通大学出版社,2014.

[4] 张鹏,杨龙滨. 传热实验学[M]. 哈尔滨:哈尔滨工程大学出版社,2012.

任务四　表冷器的性能测试

测试时间		年级、专业	
测试者姓名		同组者姓名	

一、任务提出

一次回风空调系统是一种典型的空调系统,有着广泛的应用。通过课堂讲解,在初步掌握一次回风空调系统的工作原理、作用等知识的基础上,借助本任务的学习,加深对该系统结构、工作过程的认识,进一步掌握新风、回风、混合、加热、减湿冷却、送风等概念。本任务在商用组合式空调机组的表冷器上进行性能测试。

二、任务分析

知识目标:进一步熟悉组合式空调机组的基本结构、组成部件和基本工作原理;熟悉一次回风空调系统夏季空气处理过程。

技能目标:掌握空调机组风量的工程测试方法;了解表冷器的基本工作原理,测量计算表冷器的换热量、析湿系数和全热交换效率;进一步熟悉PLC组态软件的图形界面。

能力目标:锻炼沟通能力和独立处理信息的能力。

本任务建议学时为2学时。教学组织推荐使用仿真教学法:通过PLC组态软件仿真组合式空调机组,测试过程的参数直接显示在PLC组态软件的图形界面中,从而记录数据并查表计算。

三、知识铺垫

在空调工程中,实现不同的空气处理过程需要不同的空气处理设备,如空气的加热、冷却、加湿、减湿设备。根据各种热湿交换设备的特点不同可将它们分成两大类:接触式热湿交换设备和表面式热湿交换设备。

在接触式热湿交换设备中,与空气进行热湿交换的介质直接与空气接触,通常是使被处理的空气流过热湿交换介质表面,通过含有热湿交换介质的填料层或将热湿交换介质喷洒到空气中去,形成具有各种分散度液滴的空间,使液滴与流过的空气直接接触。这类设备包括喷水室、蒸汽加湿器、高压喷雾加湿器、湿膜加湿器以及超声波加湿器等。

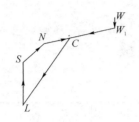

W—室外空气状态点;
W_1—预处理后的室外空气状态点;
C——次回风混合后状态点;
L—表冷器的机器露点;
S—再热状态点;
N—室内空气状态点

图 2-4-1 夏季空气处理过程

在表面式热湿交换设备中,与空气进行热湿交换的介质不与空气接触,二者之间的热湿交换是通过分隔壁面进行的。根据热湿交换介质的温度不同,壁面的空气侧可能产生水膜(湿表面),也可能不产生水膜(干表面)。分隔壁面有平表面和带肋表面两种。空调机组中的热水盘管、冷水盘管等就属于表面式换热器,而冷水盘管在空调机组中常被称作表冷器。

夏季工况,空调机组中空气处理的焓湿过程如图 2-4-1 所示,其中从 C 到 L 的空气状态的变化即在表冷器中完成。

表冷器的供冷量可根据空气焓差法的原理测量计算得到,需要测量的参数有表冷器进、出口的空气状态点、处理风量、进水温度、出水温度及水量。

表冷器空气侧的换热量

$$Q_{空气} = G_{空气}(h_1 - h_2)$$

式中 $Q_{空气}$——表冷器空气的换热量,kW;

h_1,h_2——表冷器前、后的空气焓的绝对值,kJ/kg;

G——单位时间被处理空气的质量,kg/s。

表冷器空气侧的除湿量

$$W_{空气} = G_{空气}(d_1 - d_2)$$

式中 $W_{空气}$——表冷器的除湿量,g;

d_1,d_2——表冷器前、后的空气绝对含湿量,g/kg。

表冷器冷冻水侧换热量

$$Q_水 = \frac{\rho c G_水 (t_2 - t_1)}{3\,600}$$

式中 $Q_水$——表冷器冷冻水侧换热量,kW;

ρ——水的密度,kg/m³;

c——水的质量热容,kJ/(kg·℃);

$G_水$——水的体积流量,m³/h;

t_1,t_2——表冷器中冷冻水的进水、出水温度,℃。

析湿系数 ζ 反映凝结水析出的多少,也表示了因为存在湿交换而增大了换热量,故又称为换热扩大系数。

$$\zeta = \frac{h_1 - h_2}{c_p(T_1 - T_2)}$$

式中,T_1,T_2 为经过表冷器处理前、后的空气干球温度,℃。

表冷器的全热交换效率

$$E_g = \frac{T_1 - T_2}{T_1 - t_1}$$

四、任务实施

测试中,组合式空调机组原理如图 2-4-2 所示。

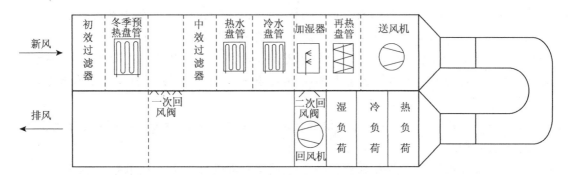

图 2-4-2　组合式空调机组结构原理

组合式空调机组是由各种空气处理功能段组装而成的一种空气处理设备,用户可以根据自己的需要选取不同的功能段进行组合。组合式空调机组依据空气流程分为三部分:第一部分为送风段,该段工作单元包括初效过滤器、冬季预热盘管、中效过滤器、热水盘管、冷水盘管、加湿器、再热盘管和送风机。第二部分为模拟负荷,由于实际的组合式空调机组直接将处理好的送风送入空调房间,送风与室内空气充分混合后再通过回风口进入回风机段,因此在测试用组合式空调机组中特意增加了这个功能段(即模拟负荷段),它由电加热器、冷水盘管及加湿器来分别模拟热负荷、冷负荷和湿负荷,由此来将送风机段和回风机段连接起来,从而构成整个空气回路。第三部分则为回风段,该段由回风机和回风管道组成。为了能准确控制送风状态点,在组合式空调机组的各功能段中往往需要安装温湿度传感器、流量传感器和电动调节阀等来保证空调机组的正常运行。所有温湿度传感器的数据PLC采集后,转换成温湿度参数并在组态软件的图形界面上进行显示。同时,PLC控制程序根据冷水盘管后的出风温度的测量值来实时调节冷冻水电动调节阀的开度,使出风温度的测量值与设定值之间的偏差保持在允许误差范围之内。在机组中,一共有四个风阀,新风阀是机组空气的入口,在初效过滤器之前;排风阀是机组空气的出口,一次回风阀和二次回风阀都在回风段,因此机组还可以用于设计一次回风系统、二次回风系统以及过渡季空气侧经济器的实验。

测试中采用空气温湿度传感器、水管温度传感器、流量传感器和控制程序监测空调机组表冷器前后的空气状态、表冷器的冷冻水供、回水温度和冷冻水流量。

1. 操作步骤

(1) 在任务开始前,需要检查各传感器的状态是否都处于可运行状态,然后对所有传感器进行校准,确保整个测试系统正常。在经过至少 24 h 长时间静置空调机组后,正式读取并记录各传感器的初始值,分别以新风状态点和冷冻水供水温度点为基准,计算其他空气温湿度传感器和水管温度传感器的误差值,用于校准最终的实验数据。

（2）开启冷热源机房的水泵,运行几分钟后,再开启冷水机组,给组合式空调机组提供冷冻水,然后开启组合式空调机组的风机,运行空调机组的控制程序,设置冷水盘管后的出风温度为 16℃。

（3）当组合式空调机组运行时,选择新风阀全开,即风口叶片处于水平状态时,此时用手持式风速仪测量风口的风速,再以卷尺测量风口每一缝宽的尺寸。为更准确地测量机组的风量,应尽可能多选取测点来测风速（每一缝宽的风口至少取 3 个测点）。

（4）当冷盘管后出风温度保持在允许误差范围内时,可认为机组已进入稳定运行状态。记录此时冷水盘管前后的空气状态点参数、表冷器的冷冻水供、回水温度和冷冻水流量。注意同一工况下应同时读取各测点的数据。

（5）改变冷水盘管后的出风温度设定值为 19℃来改变工况,重复步骤（5）,记录此工况下的各测点读数。

（6）实验结束后,依次关闭控制程序、组合式空调机组的电源、冷机电源、水泵电源。

2. 测试报告

（1）记录任务开始之前的各传感器的初始状态值,并计算各传感器的误差。

（2）实训装置启动并运行稳定后,读取记录各空气温湿度传感器和水管温度传感器的读数,并以误差值进行修正。

（3）记录送风口每一缝宽的尺寸及各测点的风速值,并计算空调机组总送风量。

（4）根据修正后的数据,计算表冷器空气侧的换热量和除湿量、表冷器冷冻水侧的换热量、析湿系数、表冷器的全热交换效率。

3. 数据记录及计算

（1）原始数据记录（表 2-4-1）。

表 2-4-1 原始数据计录表

风口缝宽尺寸/cm	风口宽度/cm			
	对应缝宽处的风速 /(m·s^{-1})			
送风量/(m³·h^{-1})				

测试开始之前（假设此时冷盘管前、后的空气状态点一致,冷盘管前、后的水温亦一致）

空气状态点	干球温度/℃	相对湿度/%	绝对含湿量 /[g·kg^{-1}(干空气)]	干球温度误差/℃	绝对含湿量误差 /[g·kg^{-1}(干空气)]
冷盘管前空气				—	—
冷盘管后空气					
水管温度传感器	水温/℃			误差/℃	
冷盘管前水温				—	
冷盘管后水温					

（续表）

测试运行数据

工况	空气状态点	干球温度/℃	相对湿度	绝对含湿量/[g·kg⁻¹(干空气)]	修正后的干球温度/℃	修正后的绝对含湿量/[g·kg⁻¹(干空气)]
工况一	冷盘管前空气				—	
	冷盘管后空气					
工况二	冷盘管前空气				—	
	冷盘管后空气					

工况	水管温度传感器	水温/℃	修正后的水温/℃
工况一	冷盘管前水温		—
	冷盘管后水温		
工况二	冷盘管前水温		—
	冷盘管后水温		

数据处理表格

工况	空气状态点	修正后的干球温度/℃	修正后的绝对含湿量/[g·kg⁻¹(干空气)]	焓值/(kJ/kg)
工况一	冷盘管前空气			
	冷盘管后空气			
工况二	冷盘管前空气			
	冷盘管后空气			

工况稳定状态1		室内设定温度/℃	
送风量/(m³·h⁻¹)			
空气状态点		焓值/(kJ·kg⁻¹)	绝对含湿量/[g·kg⁻¹(干空气)]
冷盘管前空气			
冷盘管后空气			
表冷器冷冻水供、回水温度/℃			
通过表冷器的冷冻水流量/(m³·h⁻¹)			
表冷器空气侧的换热量/kW			
表冷器空气侧的除湿量/g			
表冷器冷冻水侧的换热量/kW			
析湿系数			
表冷器的全热交换效率			

工况稳定状态2		室内设定温度/℃	
送风量/(m³·h⁻¹)			
空气状态点		焓值/(kJ·kg⁻¹)	绝对含湿量/[g·kg⁻¹(干空气)]
冷盘管前空气			

(续表)

工况稳定状态 2	室内设定温度/℃	
冷盘管后空气		
表冷器冷冻水供、回水温度/℃		
通过表冷器的冷冻水流量/(m³·h⁻¹)		
表冷器空气侧的换热量/kW		
表冷器空气侧的除湿量/g		
表冷器冷冻水侧的换热量/kW		
析湿系数		
表冷器的全热交换效率		

（2）测试过程记录（表 2-4-2）。

表 2-4-2　测试过程记录

测试中出现的问题	
原因分析和解决方案	
对本次测试的建议	

4. 思考题

（1）用手持式风速仪测量风速时，要注意哪些才能保证测量数据的准确性？

（2）若用手持式仪器测量各空气状态点的参数，有什么缺点？

（3）观察冷水盘管的凝结水盘的出水状态。

5. 考核内容与评价标准

考核内容与评价标准见表 2-4-3。

表 2-4-3　考核内容与评价标准

序号	考核内容	分值	评价标准	得分
1	实训装置部件的识别	20	是否准确识别实训装置各部件	
2	测试仪器的规范使用	25	使用仪器是否规范，是否爱护仪器	
3	学习态度及与组员合作情况	10	测试过程是否积极主动，是否与组员和谐协作	
4	安全操作	10	是否按照安全要求进行操作	
5	设施复位，场地清洁等	5	善后工作是否主动较好完成	
6	测试报告	30	实验数据处理结果是否正确，报告内容是否充实，格式是否规范，书写是否整洁	
	合计	100		

五、教学设计

教学设计见表 2-4-5。

表 2-4-5　教学设计

能力描述	具有建筑设施系统测试的知识,具有传热学的基本知识; 具有独立学习、独立计划、独立工作的能力,具有合作、交流等能力	
目标	掌握空调机组风量的工程测试方法; 掌握表冷器的基本工作原理; 掌握表冷器的换热量、析湿系数和全热交换效率的计算方法; 进一步熟悉 PLC 组态软件的图形界面	
教学内容	组合式空调机组的基本结构、组成部件和基本工作原理; 一次回风式空调系统夏季空气处理过程; 空调机组风量的工程测试方法; 表冷器的基本工作原理; 表冷器的换热量、析湿系数和全热交换效率的计算方法; PLC 组态软件的图形界面	
学生应具备的知识和基本能力	所需知识:传热学的基本知识,建筑设施系统测试的基本知识 所需能力:正确使用仪器仪表的能力;团队协作能力	
教学媒体: 多媒体、实训装置	教学方法: 采用仿真教学法	
教师安排: 具有工程实践经验,并具有丰富教学经验,能够运用多种教学方法和教学媒体的教师 1 名	教学地点: 校内实训室	
评价方式: 学生自评;教师评价	考核方法: 过程考核;结果考核	

六、任务评价

　　本任务通过仿真教学法,进一步熟悉组合式空调机组的基本结构、组成部件和基本工作原理;熟悉一次回风式空调系统夏季空气处理过程,同时指导学生掌握空调机组风量的工程测试方法,表冷器的基本工作原理,表冷器的换热量、析湿系数和全热交换效率的计算方法,进一步锻炼了沟通能力和独立处理信息的能力。

参考文献

[1] 赵荣义,范存养.空气调节[M].4 版.北京:中国建筑工业出版社,2009.

任务五　水泵变频调速参数的检测

测试时间		年级、专业	
测试者姓名		同组者姓名	

一、任务提出

变频器是工业生产中常用的交流电动机调速装置,它能够根据控制装置的指令改变输出频率和电压,从而改变电动机的转速,达到调节生产过程中所需控制的参数的目的。通过对变频器的各参数进行检测,并进行数据分析可对变频器性能有更深一步的了解,有助于分析在工程应用中变频器是如何控制水泵、风机的转速以达到节能效果的。本任务包括变频器自身参数的测试和变频器应用于系统的性能测试两部分。

二、任务分析

知识目标:了解实验装置的组成、工作原理,主要设备和仪器仪表的性能及其使用方法;掌握变频器的工作原理。

技能目标:测绘变频器控制电压 U_c — 输出频率 f、控制电压 U_c — 输出电流 I、控制电压 U_c — 输出功率 P 的性能曲线;测绘变频器输出频率 f — 流量 Q、控制电压 U_c — 流量 Q、输出功率 P — 流量 Q 的性能曲线;进一步熟练应用 Office 软件绘制变频器的性能曲线。

能力目标:锻炼团队协作和独立分析解决问题的能力。

本任务建议学时为 2 学时。教学组织推荐使用演示教学法、实验教学法等来完成本任务。

三、知识铺垫

从电工学原理中知道,异步电动机的转速 n 可以表示为

$$n = 60\frac{f}{p}(1-s)$$

式中　　p——电机的磁极对数;

　　　　f——电源频率,Hz;

　　　　s——转差率,即同步转速和转子转速的差值与同步转速之比。

从上式可知,可以通过三种方法改变异步交流电动机的速度:改变磁极对数、改变电源频率以及改变转差率。

在交流变频器出现之前,通常只能采用改变磁极对数和改变转差率两种方法来改变交流电动机的转速。但是这两种方法都有缺陷。改变磁极对数的方法只能实现有级调速,而改变转差率的方法虽然能够实现无级调速,但是调速范围有限。

交流变频器是电力电子技术与控制技术结合的产物,它的出现为交流电动机的调速提供了一种全新的方法。由上式可知,当改变电源频率时,电动机的转速将随频率的变化而发生线性变化,而且在理论上可以实现从零到额定转速的无级调速,甚至可以实现超频调速,这几个特点在工业自动化领域内,无疑是十分有吸引力的,目前已经成为工业自动化的主要手段之一。

交流变频器由主电路和控制电路组成,主电路是为异步电动机提供调频调压电源的电力变换部分,它包括整流器、中间直流环节(滤波回路)和逆变器等。控制电路则用于变频器的运行控制和故障保护。在交流变频器中,按主电路中是否包含中间直流环节,可以将变频器分为交-直-交变频器和交-交变频器两大类,它们的主要特点见表2-5-1。

表 2-5-1　交-直-交变频器与交-交变频器性能比较

比较项目	交-直-交变频器	交-交变频器
换能形式	两次换能,效率略低	一次换能,效率较高
换流形式	强迫换流或者负载谐振换流	电源电压换流
装置元器件数量	元器件数量较少	元器件数量较多
调频范围	频率调节范围宽	一般情况下,输出最高频率为电网频率的$1/3\sim1/2$
电网功率因数	用可控整流调压时,功率因数在低压时较低;用斩波器或 PWM 方式调压时,功率因数高	较低
适用场合	可用于各种电力拖动装置、稳频稳压电源和不间断电源	特别适用于低速大功率拖动

从表中可知,交-交变频器除了换能效率较高外,其他特性均不如交-直-交变频器,因此除了一些特殊的应用场合,目前在工业自动化系统中应用的交流变频器主要是交-直-交变频器,它首先将来自电网的交流电源整流成为直流电压,经中间直流环节滤波后,再经逆变器转换为频率和电压都可控的交流电源输出。交-直-交变频器主要组成部分包括整流器、逆变器、中间直流环节(滤波回路)和控制电路,以下分别简要介绍它们的主要功能。

交-直-交变频器中的整流器十分简单,它的作用是将工频电源变换成直流电源,一般采用三相不可控桥式整流电路。

逆变器的作用则与整流器正好相反,是将直流功率变换为所需求频率和电压的交流功率。逆变器最常见的形式是采用 6 个半导体主开关器件组成的三相桥式逆变电路,在控制电路的控制下,通过有规律地控制逆变器中主开关的导通与关断,可以得到任意频率的三相交流输出波形。

中间直流环节由电容器或电感器构成,在变频器与电动机之间交换无功功率时起到缓冲作用。从这个意义上来说,中间直流环节实际上是中间直流储能环节。另外,三相不可控桥式整流电路输出的直流电压含有频率为电源频率 6 倍的纹波电压,而逆变电路也会产生纹波电压,不但反过来影响直流电压的波形,而且会对电网造成污染,所以中间直流环节的另一个作用,是对整流器的输出进行滤波,以减少电压的波动。

控制电路通常由运算、检测、输入/输出和驱动等部分组成,它的主要任务是根据外部控制指令完成对逆变器的开关控制,对整流器的电压控制,以及完成各种保护功能等。控制电路的控制方法有模拟控制与数字控制两种,目前的交流变频器几乎全部采用嵌入式计算机控制系统进行数字控制,主要依靠控制软件完成各种功能。

另外需要指出的是,交流变频器在改变输出频率时,它的输出电压也是随着输出频率的变化而变化的,所以交流变频器实际上是交流变压变频器。之所以需要在改变频率的同时改变电压,是因为根据电工学的知识,当电源频率小于电机的额定频率而电源电压保持不变时,将会使得电动机铁心气隙的磁通量大于额定气隙磁通量,造成电动机的铁心过饱和,从而导致过大的励磁电流,严重时会因绕组过热而损坏电动机。

要实现变频调速,在不损坏电动机的前提下充分利用电动机的铁心,发挥电动机转矩的能力,最好是能够在变频时保持铁心间隙的磁通量不变。目前有四种不同的方法可以实现这一目标,即恒比例控制方法、恒磁通控制方法、恒功率控制方法和恒电流控制方法。其中最基本的方法是恒比例控制方法,在其他三种控制方法中,恒磁通控制方法是恒比例控制方法的改进,恒功率控制方法主要用于超频调速(即变频器输出频率高于电网频率)的场合,而恒电流控制方式仅适用于负载变化不大的场合。

当采用恒比例控制方式时,为了保持电动机铁心间隙的磁通量不变,在频率从额定频率向下调节时,同时改变电动机的供电电压,并保持电动机供电电压与频率的比值不变,即

$$\frac{V}{f} = 常数$$

这是恒压频比的控制方式。这种控制方式特点是在恒压频比条件下改变频率时,电动机的机械特性基本是平行下移的。如果电动机在不同转速(频率)下都具有额定电流,则电动机就能够在温升允许的条件下长时间稳定运行。

四、任务实施

实训装置如图 2-5-1 所示,各设备描述见表 2-5-1。

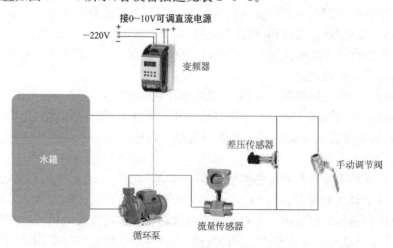

图 2-5-1 实训装置

表 2-5-1　实训装置设备信息

设备名称	描述	设备名称	描述
水箱	储水装置	流量传感器	根据水泵转速测量流量变化
循环泵	变频器控制改变回路流量	手动调节阀	手动调节阀门开度,改变差压值
变频器	控制水泵转速	变频器调节电位器	调节变频器控制电压
差压传感器(带变送器)	读取手动调节阀两端差压		

1. 操作步骤

1) 变频器自身参数的测试

(1) 检查实训装置状态是否正常。

(2) 将手动调节阀完全开启,开启直流控制电源。

(3) 在开始测试前,先在 1～9 V 确定 5 个不同的电压值,作为控制变频器频率的控制电压值。

(4) 将直流控制电源的输出电压调至最小控制电压值,启动水泵,待流量稳定时,观察差压传感器所测差压值。记下当前频率下的控制电压值 U_c、变频器输出频率 f、输出电流 I、输出功率 P、流量值 Q 和差压值 d_p。

(5) 调节直流控制电源的输出电压,分别记录当变频器控制电压分别为其余四个控制电压值时的控制电压值 U_c、变频器输出频率 f、输出电流 I、输出功率 P、流量值 Q 和差压值 d_p。

(6) 全部测试结束后,停止水泵。

2) 变频器应用于系统的性能测试

(1) 第一部分测试完成后,恢复设备初始状态。

(2) 在开始实验前,先在手动调节阀全开至全关的区间内找出大致平均的五个不同的阀位。

(3) 将直流控制电源的输出电压调节至 8V,完全打开手动调节阀,启动水泵。

(4) 待流量稳定后记录控制电压 U_c、输出频率 f、输出功率 P、流量 Q 和差压值 d_p。

注意:此时的差压值 d_p 是下面实验步骤的参考值。

(5) 依次将手动调节阀的阀位设为步骤(2)中确定的其余四个值,同时观察差压值的变化,仔细调节控制电压直到差压值恢复到 d_p 为止。分别记录下此时的控制电压值 U_c、变频器输出频率 f、输出电流 I、输出功率 P 和流量值 Q。

(6) 待数据记录完毕,完全打开手动调节阀。

(7) 调节变频器控制电压为 9 V,启动水泵。

(8) 重复步骤(4)和步骤(5),记录测试过程各参数数据。

(9) 全部步骤完成后,停止实验设备,关闭实验设备电源。

2. 测试报告

1) 变频器自身参数的测试

(1) 列表记录各控制电压点控制下变频器的参数值(表 2-5-2)。

表 2-5-2　数据记录表

控制电压 U_c(0~10 V)	输出频率 f/Hz	输出电流 I/A	输出功率 P/kW	流量 Q/(L·s⁻¹)	差压 d_p/kPa

（2）根据表中记录数据绘分别绘制控制电压 U_c—输出频率 f、控制电压 U_c—输出电流 I、控制电压 U_c—输出功率 P 的特性曲线。

（3）根据绘制曲线简单分析控制电压 U_c 和各参数之间的关系。

2）变频器应用于系统的性能测试

（1）列表记录各控制电压点控制下变频器的参数值（表 2-5-3、表 2-5-4）。

表 2-5-3　数据记录表(8 V)

参数名称	阀位 I	阀位 II	阀位 III	阀位 IV	阀位 V
控制电压(U_c)	8 V				
差压值(d_p)					
输出频率(f)					
输出功率(P)					
流量(Q)					

表 2-5-4　数据记录表(9 V)

参数名称	阀位 I	阀位 II	阀位 III	阀位 IV	阀位 V
控制电压(U_c)	9 V				
差压值(d_p)					
输出频率(f)					
输出功率(P)					
流量(Q)					

（2）根据表中数据记录，在同一坐标系中绘制输出频率 f—流量 Q 曲线和控制电压 U_c—流量 Q 曲线。

（3）根据绘制曲线特性简单分析各参数间关系。

3. 思考题

（1）根据第一部分实验所得到的曲线，分别说明控制电压与输出频率、控制电压与输出功率之间大致成什么关系（线性关系、平方关系、指数关系等）？

（2）根据第二部分实验所得到的曲线，说明在差压不变的情况下，控制电压与流量之间大致成什么关系?

（3）根据表2-5-3和表2-5-4中的数据和曲线,对比在阀位大致相同的情况下,差压值与流量和输出功率之间的关系。这一结果对于水泵的节能运行有什么启示?

（4）同样根据表2-5-3和表2-5-4中的数据和曲线,对比在流量大致相同的情况下,差压值与阀位和输出功率的关系。这一结果对于水泵的节能运行又有什么启示?

4. 考核内容与评价标准

考核内容与评价标准见表2-5-5。

表2-5-5 考核内容与评价标准

序号	考核内容	分值	评价标准	得分
1	实训装置部件的识别	20	是否准确识别实训装置各部件	
2	测试仪器的规范使用	25	使用仪器是否规范,是否爱护仪器	
3	学习态度及与组员合作情况	10	测试过程是否积极主动,是否与组员和谐协作	
4	安全操作	10	是否按照安全要求进行操作	
5	设施复位,场地清洁等	5	善后工作是否主动较好完成	
6	测试报告	30	实验数据处理结果是否正确,报告内容是否充实,格式是否规范,书写是否整洁	
	合 计	100		

五、教学设计

教学设计见表2-5-6。

表2-5-6 教学设计

能力描述	具有电力电子器件及变频器技术的基础知识; 具有独立学习、独立计划、独立工作的能力	
目标	掌握变频器的基本实验方法及其各参数的测试技术; 掌握变频器各参数所反应的变频器特性	
教学内容	有关变频器特性的基本实验方法及其各参数的测试方法; 了解变频器控制电压与各参数关系; Office软件绘制变频器各参数性能曲线的方法	
学生应具备的知识和基本能力	所需知识:变频器的基本知识,基本测试设备、仪器仪表的知识 所需能力:正确使用仪器仪表的能力;团队协作能力	
教学媒体: 多媒体、实训装置	教学方法: 采用引导文教学法和演示教学法	
教师安排: 具有工程实践经验,并具有丰富教学经验,能够运用多种教学方法和教学媒体的教师1名	教学地点: 校内实训室	
评价方式: 学生自评;教师评价	考核方法: 过程考核;结果考核	

六、任务评价

本任务通过演示教学法、实验教学法等使学生掌握变频器的工作原理,电压输入控制变频器的特性及其应用范围,并熟练应用 Office 软件绘制变频器的多条性能曲线,进一步锻炼学生的团队协作和独立分析解决问题的能力。任务六中将进一步对变频器在水泵定差压控制中的实际应用进行测试。

参考文献

[1] 严俊,邓缅.变频器应用技术实践[M].北京:中国电力出版社,2011.

[2] 姚福来,孙鹤旭.变频器及节能控制实用技术速成[M].北京:电子工业出版社,2011.

[3] 王廷才.变频器原理及应用[M].北京:机械工业出版社,2015.

[4] 王玉中.通用变频器基础应用教程[M].北京:人民邮电出版社,2013.

[5] 徐海,施利春.变频器原理及应用[M].北京:清华大学出版社,2010.

[6] 王永华.现代电气控制及 PLC 应用技术[M].3 版.北京:北京航空航天大学出版社,2013.

任务六　水泵定差压变频控制的测试

测试时间		年级、专业	
测试者姓名		同组者姓名	

一、任务提出

变频器是工业生产中常用的交流电动机调速装置,它能够根据控制装置的指令改变输出频率和电压,从而改变电动机的转速,达到调节生产过程中所需控制的参数的目的。在本任务中,利用 PLC 作为控制装置对变频器的输出频率进行控制,与变频器连接的电动机所带动的工作机械为离心式水泵。当循环水系统中的水流量发生变化时,用水设备两端的差压值也会发生变化。任务将设定差压值,同时人为改变水流量,得到控制器比较差压的设定值和实测值,进而根据二者之间的误差调节变频器的输出频率,最终控制水泵的转速,使差压的实测值和差压设定值之间的误差保持在允许范围之内。通过学习,学生能够对空调水系统中常见的水泵差压变频控制方法,以及变频器在空调设备中的应用有一个初步的了解。

二、任务分析

知识目标:了解实验装置的组成与工作原理,主要设备和仪器仪表的性能及其使用方法;进一步掌握变频器工作原理。

技能目标:熟练应用 Office 软件测绘不同的差压值下流量 Q—变频器输出功率 P 特性曲线、流量 Q—变频器输出频率 f 特性曲线。

能力目标:锻炼沟通能力、团队协作和独立处理数据、分析问题的能力。

本任务建议学时为 2 学时。教学组织推荐采用演示教学法、实验教学法等来完成。

三、知识铺垫

在建筑空调系统中,通常都采用水作为传递热量(冷量)的媒质。这样就需要有一个空调冷热源机房,安装有热水锅炉和冷水机组,在冬季提供采暖热水,在夏季提供冷冻水,用于建筑内各空间的采暖与制冷。在有些建筑物中,也采用热泵机组作为空调热水和冷冻水的制作设备。为了将空调热水和冷冻水从空调冷热源机房输送到建筑物内的各个空间,在空调冷热源机房中还安装有若干水泵,完成这一输送的任务。

在建筑物内需要采暖和制冷的区域,都安装有空气处理设备。根据季节和要求不同,室内的空气与从空调冷热源机房输送过来的热水或冷冻水在空气处理设备中进行热交换,然后再送回到室内,从而改变室内空气的参数,使室内的热湿环境保持在人的舒适范围之内。

室内空气在空气处理设备中与从空调冷热源机房输送过来的热水或冷冻水进行热湿交换,吸收或释放一部分热量,对空调冷热源机房而言,这些吸收或释放的热量就构成了室内空调负荷。但是,室内空调负荷不是一个定值,而是随着室外气候、室内人员的多少和室内发热设备的运行等因素在不停地发生变化。为了保持室内空气参数能够保持基本不变,通常都采用调节空气处理设备的热水或冷冻水流量的方法,使得空调系统的实际采暖量或制冷量能够随室内空调负荷的变化而变化。

在一幢建筑物中,空调冷热源机房一般只有一个,但是空气处理设备却有很多。当一个空气处理设备的热水或冷冻水流量发生变化时,整个系统的水流量也会发生变化。这时需要解决的问题是,当一个空气处理设备的水流量发生变化时,怎样才能够使得其他空气处理设备的水流量不受其影响。

如前面所说,空调热水和冷冻水是通过空调冷热源机房的水泵送到各个空气处理设备的。根据水泵的特性(P-Q特性),当通过水泵的水流量发生变化时,水泵的扬程也会不可避免地发生变化。而这一扬程的变化,会使得通过各空气处理设备的水流量发生变化,进而影响到各个室内空间的温度。所以,需要找到一种方法,在某一空气处理设备的水流量发生变化的时候,保持水泵的扬程不变,这样就不至于影响其他处理设备的水流量。

在变频技术出现之前,解决这一问题的方法是采用差压旁通方法,如图 2-6-1 所示。

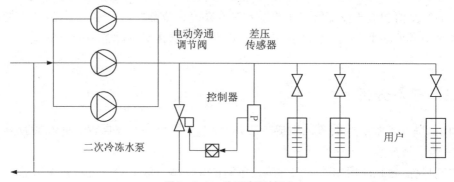

图 2-6-1　差压旁通控制

从图中可知,当某一空气处理设备的水流量发生变化,造成用户侧的总水流量发生变化时,由于水泵特性的作用,使得差压传感器两端的差压值发生变化。这一变化通过控制器处理后,转换成控制信号,调节旁通调节阀的开度,就可以使得差压值恢复到原来状态。这样,其他空气处理设备就不会受到影响了。

从另外一个角度来看,这个旁通调节阀可以认为也是一个"用户",只不过通过它的水流量不是由室内温度决定的,而是由系统差压决定的。当其他用户用水量减少,造成系统差压升高时,通过旁通阀的水流量就增加,而且增加的水流量就等于用户减少的水流量,这样就能够保持系统差压不变了。当用户的用水量增加时,通过旁通阀的水流量就会减少,同样可以保持系统的差压不变。

由此可见,采用差压旁通方法可以在用户侧水流量变化时保持系统差压不变。实际上整个系统的总水流量并没有发生变化,只是改变了通过用户的水流量与通过旁通阀的水流量之间的比例,因此这是一种有效但不节能的控制方法。

在变频技术得到广泛应用以后,就出现了另一种更加有效的方法,这就是差压变频方法,其原理如图 2-6-2 所示。

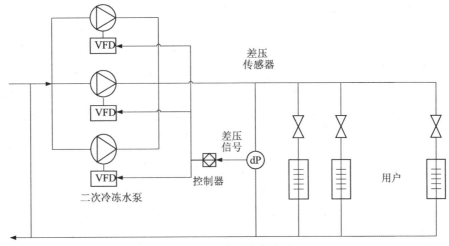

图 2-6-2 差压变频方法

从图 2-6-2 中可知,差压变频方法用与水泵连接的变频器(VFD)代替了旁通阀,当系统差压发生变化时,这一差压变化的信号经控制器处理后送到变频器,改变变频器的输出频率,进而改变水泵的转速,使得水泵的特性曲线发生变化,从而使得在新的流量下依然能够保持系统差压不变。这一过程可以由图 2-6-3 说明。

系统原先的阻力特性曲线为 Ⅰ,水泵工作频率为 f_1,工作点为 B,相对应的流量为 Q_1,差压为 ΔP_1。现在由于用户侧需求变化,某些空气处理设备的调节阀关小,使得系统的阻力特性曲线变化为 Ⅱ,系统差压升高。这时控制器发出指令降低变频器的输出频率,从 f_1 变化为 f_2,水泵减

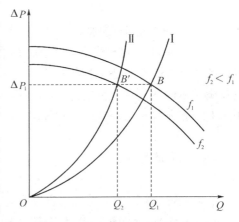

图 2-6-3 水泵定差压变频控制原理

速,新的工作点为 B',这时的流量降低为 Q_2,但是差压依旧保持 ΔP_1 不变。

显然,当水泵转速降低后,水泵的能耗也会降低,所以说差压变频是比差压旁通节能的一种控制方法,其节能效果可以从图 2-6-3 中估算。矩形 $O\text{-}\Delta P_1\text{-}B\text{-}Q_1\text{-}O$ 的面积代表了变频前的水侧功率,而矩形 $O\text{-}\Delta P_1\text{-}B\text{-}Q_2\text{-}O$ 的面积代表了变频后的水侧功率,如果假定水泵转速变化时其效率不变,则水泵变频控制的节能率与流量成线性关系。注意这一结论只适用于水泵定差压变频控制的场合。

无论是差压旁通方法还是差压变频方法,控制器都是一个非常重要的部件。在工业控制领域,最常见的控制器形式是反馈控制器。反馈控制器有四个主要组成部分:控制器、传感器、执行器和受控对象。受控对象一般是需要进行控制的物理设备,在水泵定差压变频控制中,它就是水泵。与其他控制器一样,反馈控制器首先需要确定一个受控变量,它是受控对象的一个参数,也是需要控制的实际物理量。在水泵定差压变频控制中,受控变量是

系统差压。由于系统差压与水泵扬程之间有着确定的数学关系,所以可以通过控制系统差压来实现控制水泵扬程的目的。在控制系统运行时,传感器实时检测这个受控变量的数值,然后将它传送到控制器。控制器首先将由传感器测量得到的差压实时值与希望保持的差压数值(即设定值)相比较,得到当前时刻的误差。然后,控制器将这一误差数据进行必要的数学运算(称为控制器算法)后,得到输出信号,传送到水泵变频器(也就是执行器),调节水泵的转速,使得系统差压的测量值与设定值之间的误差保持在允许的范围之内。

在反馈控制器的各种算法中,最常用的是比例-积分-微分控制算法,或称为 PID 控制算法。它对误差值分别进行比例、积分和微分运算,再将三个运算的结果相加,得到最终的输出。其表达式为

$$c(t) = K_c \left[e(t) + \frac{1}{T_i} \int_0^t e(t)\,\mathrm{d}t + T_d \frac{\mathrm{d}e(t)}{\mathrm{d}t} \right]$$

式中　　t——当前时刻;

　　　　$c(t)$——控制器输出;

　　　　$e(t)$——误差;

　　　　K_c——比例系数;

　　　　T_i——积分时间常数;

　　　　T_d——微分时间常数。

由上式可知,通过改变 K_c,T_i 和 T_d 的数值,可以改变比例运算、积分运算和微分运算各自的结果对最终输出的影响,也就可以改变控制器的特性,使之适应于各种不同的场合,以及满足不同的要求。据统计,在现在实际运行的工业控制系统中,80% 以上的控制器采用了 PID 控制算法,或者以 PID 控制算法为基础。

四、任务实施

实训装置(图 2-6-4)主要包含以下设备:计算机(安装编程软件),PLC 控制器,变频器(0~10 V),流量计(涡轮),水箱,循环水泵,差压传感器,手动调节阀。

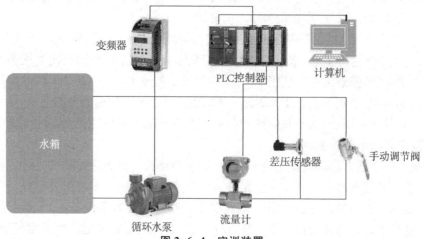

图 2-6-4　实训装置

1. 操作步骤

图 2-6-5 为任务操作界面,是由 PLC 编程软件的人机界面组态软件根据实际实训装置创建,有利于学生在线修改设定值,观察并记录测试过程的实时数据。

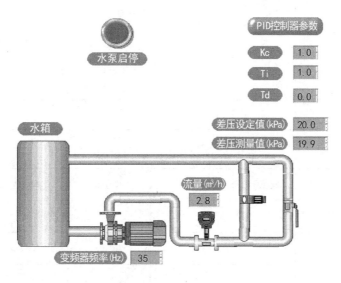

图 2-6-5 实训操作界面

（1）检查实训装置完好,将手动调节阀完全开启。

（2）开启计算机,点击桌面上的 PLC 人机界面程序图标,打开工程的人机操作界面。

（3）点击界面上方绿色水泵启停按钮,按钮变亮则为启动状态。

（4）在差压设定值窗口内输入差压值(最大差压值的 30%),待流量稳定,观察差压测量值是否达到设定值。记下当前差压设定值 d_p、差压测量值 d_{p_1}、流量 Q、变频器输出功率 P 和变频器输出频率 f。

（5）将手动调节阀从全开至接近全关均匀找到五个位置,依次关闭阀门,每个阀位均记录差压设定值 d_p、差压测量值 d_{p_1}、流量 Q、变频器输出功率 P 和变频器输出频率 f。

（6）将手动调节阀完全打开,分别将差压设定值改为最大差压值的 60%,90%,重复步骤（5）,依次关闭手动调节阀,使阀停留在五个预定位置,分别记下各个阀位时的差压设定值 d_p、差压测量值 d_{p_1}、流量 Q、变频器输出功率 P 和变频器输出频率。

（7）测试完成后,将手动调节阀完全打开,点击界面上方绿色水泵启停按钮,停止水泵,退出程序界面,关闭计算机及实训装置总电源。

注:在确定差压设定值范围时,首先保持手动调节阀全开,将变频器频率手动调整为 50 Hz,此时流量为最大值,读取差压值,以此差压值的 90% 作为差压设定值的上限。为了保证设备安全,此操作应由实验指导教师进行,持续时间不应超过 30 s。

2. 测试报告

（1）根据实验记录数据绘制不同差压值下的流量 Q —变频器输出频率 P 特性曲线和流量 Q —变频器输出频率 f 特性曲线(表 2-6-1,表 2-6-2,表 2-6-3)。

表 2-6-1　差压设定值为 30％时

参数	阀位 Ⅰ	阀位 Ⅱ	阀位 Ⅲ	阀位 Ⅳ	阀位 Ⅴ
差压设定值(d_p)					
差压测量值(d_{p_1})					
流量/($m^3 \cdot h^{-1}$)					
输出频率/Hz					
输出频率/kW					

表 2-6-2　差压设定值为 60％时

参数	阀位 Ⅰ	阀位 Ⅱ	阀位 Ⅲ	阀位 Ⅳ	阀位 Ⅴ
差压设定值(d_p)					
差压测量值(d_{p_1})					
流量/($m^3 \cdot h^{-1}$)					
输出频率/Hz					
输出频率/kW					

表 2-6-3　差压设定值为 90％时

参数	阀位 Ⅰ	阀位 Ⅱ	阀位 Ⅲ	阀位 Ⅳ	阀位 Ⅴ
差压设定值(d_p)					
差压测量值(d_{p_1})					
流量/($m^3 \cdot h^{-1}$)					
输出频率/Hz					
输出频率/kW					

3. 思考题

（1）分析不同差压值下流量 Q—变频器输出功率 P 特性曲线和流量 Q—变频器输出频率 f 特性曲线。

（2）根据以上 Q-P 曲线，分析水泵流量与功率的关系是否和流体力学课程中的内容一致。如不一致，试说明其原因。

4. 考核内容与评价标准

考核内容与评价标准见表 2-6-4。

表 2-6-4　考核内容与评价标准

序号	考核内容	分值	评价标准	得分
1	实训装置部件的识别	20	是否准确识别实训装置各部件	
2	测试仪器的规范使用	25	使用仪器是否规范,是否爱护仪器	
3	学习态度及与组员合作情况	10	测试过程是否积极主动,是否与组员和谐协作	
4	安全操作	10	是否按照安全要求进行操作	
5	设施复位,场地清洁等	5	善后工作是否主动较好完成	
6	测试报告	30	实验数据处理结果是否正确,报告内容是否充实,格式是否规范,书写是否整洁	
合计		100		

五、教学设计

教学设计见表 2-6-5。

表 2-6-5　教学设计

能力描述	具有建筑设施系统测试的知识,具有自动控制技术及水泵定压差变频控制的基本知识;具有独立学习、独立计划、独立工作的能力,具有合作、交流等能力	
目标	掌握变频器工作原理;测绘不同的差压值下流量 Q—变频器输出功率 P 特性曲线、流量 Q—变频器输出频率 f 特性曲线	
教学内容	实验装置的组成、工作原理,主要设备和仪器仪表的性能及其使用方法;变频器工作原理;水泵定差压变频控制知识;应用 Office 软件测绘不同的差压值下流量 Q—变频器输出功率 P 特性曲线、流量 Q—变频器输出频率 f 特性曲线	
学生应具备的知识和基本能力	所需知识:水泵定压差变频控制的基本知识,变频器的基本知识;基本测试仪器仪表的知识所需能力:正确使用仪器仪表的能力;团队协作能力	
教学媒体:多媒体、实训装置	教学方法:采用演示教学法和实验教学法	
教师安排:具有工程实践经验,并具有丰富教学经验,能够运用多种教学方法和教学媒体的教师 1 名	教学地点:校内实训室	
评价方式:学生自评;教师评价	考核方法:过程考核;结果考核	

六、任务评价

本任务通过演示教学法、实验教学法等使学生对变频器的工作原理及应用和对空调水系统中常见的水泵差压变频控制方法,以及变频器在空调设备中的应用有一个初步的了解。同时再一次锻炼学生的沟通能力、团队协作和独立处理数据、分析问题的能力。

参考文献

[1] 严俊,邓缜. 变频器应用技术实践[M]. 北京:中国电力出版社,2011.

[2] 史国生. 电气控制与可编程控制器技术[M]. 3版. 北京:化学工业出版社,2010.

[3] 范永胜,徐鹿眉. 可编程控制器应用技术[M]. 北京:中国电力出版社,2010.

[4] 姚福来,孙鹤旭. 变频器及节能控制实用技术速成[M]. 北京:电子工业出版社,2011.

[5] 王廷才. 变频器原理及应用[M]. 北京:机械工业出版社,2015.

[6] 王玉中. 通用变频器基础应用教程[M]. 北京:人民邮电出版社,2013.

[7] 徐海,施利春. 变频器原理及应用[M]. 北京:清华大学出版社,2010.

任务七　制冷机组性能的检测

测试时间		年级、专业	
测试者姓名		同组者姓名	

一、任务提出

一般来说,空调系统的能耗占建筑能耗的 40％ 左右,而制冷机组则是空调系统中的主要耗能设备,因此制冷机组能效的高低对空调系统的能耗有很大的影响。本任务通过自行设计的实训装置对实际商用的制冷机组的性能进行检测。

二、任务分析

知识目标:加深理解制冷循环系统的组成;掌握压缩机的工作原理。

技能目标:掌握制冷循环系统常用参数的测量位置和方法,掌握测定制冷机性能的方法;通过观察实训装置的运行和参数的采集计算,分析影响制冷机性能的因素。

能力目标:锻炼数据分析处理的能力。

本任务建议学时为 2 学时。教学组织推荐采用引导文教学法和演示教学法:通过问题引导帮助学生复习制冷机组的理论知识,通过演示教学指导学生操作实训装置。

三、知识铺垫

制冷循环系统主要包括四大部件:压缩机、冷凝器、膨胀阀和蒸发器。

1. 压缩机

压缩机将制冷系统中的制冷剂气体由蒸发器压缩到冷凝器中,即将低温气体压缩成高温高压气体。常用压缩机有活塞式、离心式、螺杆式和回转式等。

(1) 活塞式制冷压缩机是制冷压缩机中使用最广泛的一种压缩机。这种类型的压缩机规格型号很多,能适应一般制冷要求。但由于活塞及连杆惯性力大,限制了活塞的运行速度,故排气量一般不能太大。活塞式制冷压缩机一般适用于中小型制冷。

根据气体流动情况可分为顺流式和逆流式两大类。

顺流式活塞制冷压缩机:顺流式活塞压缩机的机体由曲轴箱、气缸体和气缸盖三部分组成。曲轴箱内的主要部件是曲轴,曲轴通过连杆带动活塞在气缸内做往复运动来压缩气体。活塞为一空心圆柱体,它的内腔与进气管连通,进气阀设在活塞顶部。当活塞向下移动时,气缸内的气体从活塞顶部进入气缸;当活塞向上移动时,气缸内的气体被压缩,并由上部排出。气缸内气体顺同一方向流动,故称顺流式。顺流式活塞制冷压缩机由于进气阀设在活塞上,因而增加了活塞的重量及长度,限制了压缩机转速的提高,因自重大,占地面积大,目前已不再使用这种压缩机。

逆流式活塞制冷压缩机:此种压缩机的进、排气阀均设置在气缸顶部。当活塞向下移动时,低压气体由顶部进入气缸;活塞向上移动时,被压缩的气体仍从顶部排出。这样,由于气体进入气缸及排出气缸的运动路线相反,故称逆流式制冷压缩机。逆流式制冷压缩机的活塞尺寸小、重量轻、便于提高压缩机转速,一般为 $1\,000 \sim 1\,500$ r/min,最高达 $3\,500$ r/min,因而其重量及尺寸大为减少。

根据构造不同分类,可分为开启式、半封闭式和全封闭式。

开启式制冷压缩机的压缩机和驱动电动机分别为两个设备,一般氨制冷压缩机和制冷量较大的氟利昂压缩机为开启式。半封闭式制冷压缩机是驱动电动机与压缩机的曲轴箱封闭在同一空间,因而驱动电动机是在气态制冷剂中运行,因此,对电动机的要求较高。此外,这种压缩机不适用于有爆炸危险的制冷剂,所以半封闭式制冷压缩机均为氟利昂制冷压缩机。全封闭式制冷压缩机的压缩机与电动机装在一个外壳内。

根据压缩机的级数分类可分为单级和双级制冷压缩机,双级压缩机又分为单机双级和双机双级制冷压缩机。

按所采取的制冷剂不同分类,可分为氨压缩机、氟利昂压缩机和多工质压缩机等。

(2)离心式压缩机是一种速度型压缩机。它是利用高速旋转的叶轮对蒸气作功使蒸气获得动能,而后通过扩压器将动能转变为压力能来提高蒸气的压力。离心式制冷压缩机的优点有:制冷量大,效率较高;结构紧凑,重量轻,占地面积小;易损件少,工作可靠,维护费用低;与螺杆压缩机一样无往复运动,运转平稳,振动小,噪声小;制冷量可以经济地实现无级调节;制冷剂基本上与润滑油不接触,不会影响蒸发器和冷凝器的传热。同样,离心式压缩机也有缺点:适应的工况范围比较小,对制冷剂的适应性也差;转速高,因而对材料强度、加工精度和制造质量均要求严格;只适用于大制冷量范围。

(3)螺杆式压缩机是一种容积型回转式压缩机。它利用一对设置在机壳内的螺旋形螺杆啮合转动来改变齿槽的容积和位置,以完成蒸气的吸入、压缩和排气过程。螺杆式制冷压缩机的优点有:螺杆式压缩机只有旋转运动,没有往复运动,因此平衡性好,振动小,可以提高制冷压缩机的转速;结构简单、紧凑,重量轻,易损件少,可靠性高,检修周期长;没有余隙,没有吸、排气阀,因此在低蒸发温度或高压缩比工况下仍然有较高的容积效率;另外由于气缸内喷油冷却,所以排气温度较低;对湿压缩不敏感;制冷量可以实现无极调节。但螺杆式制冷压缩机也有缺点:螺杆式压缩机运行时噪声大;能耗较大;需要在气缸内喷油,因此润滑油系统比较复杂,机组体积庞大。

(4)回转式压缩机属于容积型制冷压缩机。它是靠回转体的旋转运动替代活塞式压缩机中活塞的往复运动,以改变气缸的工作容积,从而实现对制冷剂蒸气的压缩。回转式压缩机主要有滚动转子式和涡旋式两种。滚动转子式压缩机结构简单,体积小,重量轻,容积效率高,运转平稳,振动小,噪声小,但对加工精度要求较高。涡旋式压缩机体积小、重量轻、噪音低、振动小、能耗小、输气连续平稳、运行可靠、气源清洁等优点,但需要高精高的加工设备和精确的装配技术,限制了它的普遍制造和应用。

2. 冷凝器

冷凝器和蒸发器是制冷系统中的主要热交换设备,制冷系统的性能和运行的经济性在很大程度上取决于冷凝器与蒸发器的传热能力。在制冷循环中,冷凝器的作用是将压缩机排出的高温高压制冷剂蒸气的热量传递给冷却介质(空气或水)后冷凝为高压液体。制冷剂在冷凝器中放出的热量包括通过蒸发器从被冷却物体吸取的热量和在压缩机中被压缩时外界机械功转化的热量两部分。冷凝器按其冷却介质的不同,可分为水冷式(立式管壳式、卧式管壳式、套管式等)、空冷式(或称风冷式)和水-空气冷却式(或称蒸发式)三类。

(1) 水冷式冷凝器是用水作为冷却介质,使高温、高压的气态制冷剂冷凝的设备。由于自然界中水温一般比较低,因此水冷式冷凝器的冷凝温度较低,这对压缩机的制冷能力和运行经济性都比较有利。目前制冷装置大多采用水冷式冷凝器,所用的冷却水可以一次流过,也可以循环使用。当使用循环水时,需建有冷却水塔或冷却水池,使离开冷凝器的水再冷却,以便重复使用。

(2) 空冷式冷凝器又称风冷式冷凝器。它是用空气作为冷却介质,使制冷剂蒸气冷凝为液体。根据空气流动的方式可分为自然对流式和强迫对流式。自然对流冷却的空冷式冷凝器传热效果差,只用在冰箱或微型制冷机中,强迫对流冷却的冷凝器广泛应用于中小型氟利昂制冷和空调装置。空冷式冷凝器和水冷式冷凝器相比较,其优点是可以不用水,使冷却系统变得十分简单,因此它特别适宜于缺水地区或用水不适合的场所(如冰箱、冷藏车等)。一般情况下,它不受污染空气的影响(即一般不会产生腐蚀),而水冷式冷凝器用冷却塔的循环水时,水有可能被污染,进而腐蚀设备。另外,空冷式冷凝器的冷凝温度受环境温度影响很大,夏季的冷凝温度可高达 50 ℃ 左右,而冬季的冷凝温度就很低。太低的冷凝压力会导致膨胀阀的液体通过量减小,使蒸发器缺液而制冷量下降。因此,应注意防止空冷式冷凝器冬季运行时压力过低,也可采用减少风量或停止风机运行等措施来弥补。

(3) 蒸发式冷凝器是利用冷却水喷淋时蒸发吸热,吸收高压制冷剂蒸气的热量,同时利用轴流风机使空气由下而上通过蛇形管使管内制冷剂气体冷凝为液体。与水冷式冷凝器相比,蒸发式冷凝器的优点有:循环水量和耗水量减少,水泵的耗功率减小;与风冷式冷凝器相比,其冷凝温度低。但蒸发式冷凝器也有缺点:蛇形盘管容易腐蚀,管外容易结垢,维修困难;同时消耗水泵功率和风机功率。因此,蒸发式冷凝器适用于缺水地区,可以露天安装,广泛应用于中小型氨制冷系统。

3. 膨胀阀

膨胀阀对高压液体制冷剂进行节流降压,保证冷凝器与蒸发器之间的压力差,调节进入蒸发器的制冷剂流量以适应蒸发器热负荷的变化。常用的膨胀阀有手动膨胀阀、浮球式膨胀阀、热力式膨胀阀、电子膨胀阀和毛细管等。

4. 蒸发器

在制冷循环中,蒸发器的作用是低压低温的制冷剂液体在其中蒸发吸热,吸收被冷却物体的热量,以达到制冷的目的。按照供液方式的不同,蒸发器可分为满液式、非满液式、循环式和喷淋式四种。

(1) 满液式蒸发器的特点是设气液分离器,它是利用制冷剂重力来向蒸发器供液,沸腾放热系数较高,但是它需要充入大量的制冷剂。另外,如果采用与润滑油溶解的制冷剂(如R12),润滑油将难以返回压缩机。

(2) 非满液式蒸发器的特点是制冷剂经膨胀阀节流后直接进入蒸发器,在蒸发器内处于气、液共存状态,制冷剂边流动边气化,蒸发器中并无稳定制冷剂液面。由于只有部分换热面积与液态制冷剂相接触,换热效果比满液式的差。其优点是充液量少,润滑油容易返回压缩机。

（3）循环式蒸发器的特点是设低压循环贮液器,用泵向蒸发器强迫循环供液,因此沸腾放热系数较高,并且润滑油不易在蒸发器中积存。由于它的设备费较高,目前多用于大、小型冷藏库。

（4）喷淋式蒸发器的特点是用泵将制冷剂液体喷淋在传热面上,这样既可减少制冷剂的充液量,又能消除静液高度对蒸发温度的影响。由于设备费用较高,故适用于蒸发温度很低,制冷剂价格较高的制冷装置。

在制冷工况下,与蒸发器换热的水环路称为冷冻水环路,与冷凝器换热的水环路称为冷却水环路。

制冷机组的工作特性主要指制冷量和电源侧输入功率。制冷量是指蒸发器的换热量。从能量平衡角度来看,冷凝器的换热量等于蒸发器的换热量与电源侧输入功率之和。制冷机组的性能系数 COP 是蒸发器的换热量与电源侧输入功率的比值。制冷机组的工作特性除了与制冷机组的类型、结构形式、尺寸以及加工质量等有关以外,主要取决于运行工况,即蒸发温度、蒸发压力、冷凝温度、冷凝压力等参数。

在本任务中,通过改变蒸发器水流量、冷凝器水流量、蒸发器回水温度和冷凝器回水温度来改变蒸发温度和冷凝温度,从而间接实现不同的运行工况。

四、任务实施

根据任务的要求,自行设计实训装置,图 2-7-1 为实训装置,同时标出了温度传感器和流量传感器的位置。

考虑到设备的质量、售后服务及实验场地等因素,冷水机组宜选择制冷量较小的商用水-水整体式机组,制冷剂为 R22。机组由封闭的制冷剂回路构成,包括全封闭压缩机、四通换向阀、热力膨胀阀、同轴套管式水-制冷剂热交换器、高低压侧压力表和安全保护装置等。

温度传感器、流量传感器的测量参数可以从控制程序界面实时读取。

通常冷冻水环路吸收负荷侧的热量,冷却水环路向电源侧散热,本实训装置中通过水箱 I，II 的混合分别实现冷冻水环路的吸热和冷却水环路的放热。电动两通调节阀 V_{mix} 的开度可以控制两个环路之间的混合程度,以保证冷冻水的回水温度 T_{chwr} 大于冷水机组的回水温度设定值,从而保证冷水机组的压缩机在测试过程能够连续运行。由于冷却水的散热量是冷冻水的吸热量与电源侧输入功率之和,因此通过电动三通调节阀 V_{fc} 的调节,使得一部分冷却水通过风机盘管向室内散热后再进入水箱 I,当风机盘管的散热量等于电源侧输入功率时,整个系统即可处于平衡状态。

冷却水泵和冷冻水泵的速度都采用变频调节,可以保证在整个测试过程中,冷却水流量 Q_{cw} 和冷冻水流量 Q_{chw} 能够始终保持为机组的额定值（具体数值可从机组的铭牌上获得）。这时,通过手动调节二通阀 V_c 和 V_e 的开度改变进入冷凝器和蒸发器的水流量,就可以实现不同的运行工况。但需注意,冷却水和冷冻水的流量变化范围必须控制在额定值的 $70\% \sim 100\%$,同时冷却水回水温度 T_{cwr} 不能低于 15℃。

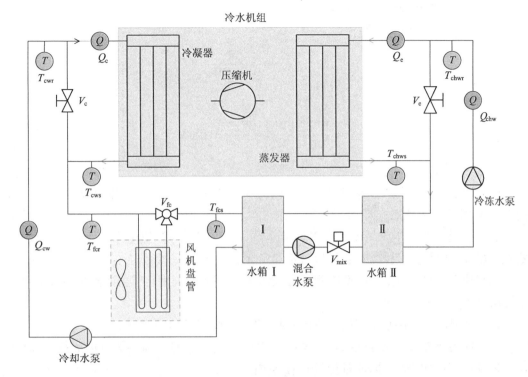

V_c，V_e—手动调节阀；V_{fc}—电动三通调节阀；V_{mix}—电动两通调节阀

图 2-7-1 制冷循环系统

（1）系统的制冷量即蒸发器侧换热量

$$W_e = 4.186 Q_e \times (T_{chwr} - T_{chws})$$

式中 W_e——蒸发器侧换热量，kW；

        Q_e——蒸发器水流量，kg/s；

        T_{chwr}——冷冻水回水温度，℃；

        T_{chws}——冷冻水供水温度，℃。

（2）冷凝器侧换热量

$$W_c = 4.186 Q_c \times (T_{cws} - T_{cwr})$$

式中 W_c——冷凝器侧换热量，kW；

        Q_c——冷凝器水流量，kg/s；

        T_{cws}——冷却水供水温度，℃；

        T_{cwr}——冷却水回水温度，℃。

（3）风机盘管散热量

$$W_{fc} = 4.186 Q_{cw} \times (T_{fcr} - T_{fcs})$$

式中 W_{fc}——风机盘管的散热量，kW；

        Q_{cw}——冷却水环路流量，kg/s；

        T_{fcr}——风机盘管回水温度，℃；

$$T_{\text{fcs}}$$ ——风机盘管供水温度,℃。

(4) 冷水机组能效比 COP_{chiller}

$$COP_{\text{chiller}} = \frac{W_e}{W_c - W_e}$$

(5) 热平衡误差

$$\Delta = \frac{W_e - (W_c - W_{\text{fc}})}{W_e} \times 100\%$$

1. 操作步骤

(1) 详细了解实训装置各组成部分,熟悉各传感器的测量参数及数据采集方法,检查阀门 V_c,V_e 处于全关状态。

(2) 接通总电源,启动冷冻水泵和冷却水泵,运行一段时间,使冷冻水环路和冷却水环路充分循环,然后启动冷水机组、风机盘管和混合水泵,运行一段时间。

(3) 观察冷水机组上的高低压侧压力表、流量传感器及温度传感器的测量参数值,并判断冷冻水出水温度是否已经基本稳定。

(4) 如果冷冻水出水温度尚未稳定,则应继续等待,直到稳定为止。

(5) 如果冷冻水出水温度已经基本稳定,则开始记录数据。需要记录的数据为:时间、压力表读数、各温度传感器、流量传感器的读数值。

(6) 逐渐增加阀门 V_c 的开度,使得 Q_c 分别为 Q_{cw} 的90%,80%和70%,观察各测量参数的变化,重复步骤(3)—(5),记录数据,可以得到三种不同的运行工况。

(7) 逐渐增加阀门 V_e 的开度,使得 Q_e 分别为 Q_{chw} 的90%,80%和70%,观察各测量参数的变化,重复步骤(3)—(5),记录数据,可以得到另三种不同的运行工况。

(8) 调节阀门 V_e 的开度,使得 Q_e 等于 Q_{chw} 的80%,然后仔细调节阀门 V_c 的开度,使得 T_{ws} 恰好等于37℃,重复步骤(3)—(5),记录各项数据,得到第7种运行工况。

(9) 完成步骤(8)以后,完全关闭阀门 V_c,这时 Q_{cw} 将为机组额定的冷却水流量,然后重复步骤(3)—(5),记录各项数据,得到第8种运行工况。

(10) 实验结束后,关闭冷水机组和风机盘管的电源,等待5 min后再关闭冷冻水泵、冷却水泵和混合水泵的电源,最后切断总电源。

2. 测试报告

(1) 列表记录各运行工况下的蒸发压力、冷凝压力、冷冻水环路流量、冷却水环路流量、蒸发器进/出水温度、冷凝器进/出水温度、蒸发器水流量、冷凝器水流量和风机盘管的进/出水温度。

(2) 计算各运行工况下的蒸发器换热量、冷凝器换热量、风机盘管的散热量、热平衡误差。

(3) 分析蒸发器水流量和冷凝器水流量的变化对制冷工况效率的影响。

(4) 比较工况7和工况8各项数据的差异,并分析原因。

3. 数据记录及计算

(1) 原始数据记录及计算(表2-7-1)。

表 2-7-1　制冷压缩机性能实验数据记录表

实验数据	工况 1	工况 2	工况 3	工况 4	工况 5	工况 6	工况 7	工况 8
蒸发压力/MPa								
冷凝压力/MPa								
冷冻水环路流量/(kg·s⁻¹)								
冷却水环路流量/(kg·s⁻¹)								
蒸发器进水温度/℃								
蒸发器出水温度/℃								
蒸发器水流量/(kg·s⁻¹)								
冷凝器进水温度/℃								
冷凝器出水温度/℃								
冷凝器水流量/(kg·s⁻¹)								
风机盘管进水温度/℃								
风机盘管出水温度/℃								
蒸发器侧换热量/kW								
冷凝器侧换热量/kW								
风机盘管散热量/kW								
冷水机组能效比 $COP_{chiller}$								
热平衡误差								

4. 思考题

(1) 根据测试现场,产生热平衡误差的原因有哪些?

(2) 分析蒸发器进水温度、冷凝器进水温度如何影响机组的运行工况。

5. 考核内容与评价标准

考核内容与评价标准见表 2-7-2。

表 2-7-2　考核内容与评价标准

序号	考核内容	分值	评价标准	得分
1	实训装置部件的识别	20	是否准确识别实训装置各部件	
2	测试仪器的规范使用	25	使用仪器是否规范,是否爱护仪器	
3	学习态度及与组员合作情况	10	测试过程是否积极主动,是否与组员和谐协作	
4	安全操作	10	是否按照安全要求进行操作	
5	设施复位,场地清洁等	5	善后工作是否主动较好完成	
6	测试报告	30	实验数据处理结果是否正确,报告内容是否充实,格式是否规范,书写是否整洁	
	合计		100	

五、教学设计

教学设计见表 2-7-3。

表 2-7-3　教学设计

能力描述	具有建筑设施系统测试的知识；具有制冷技术的基本知识；具有独立学习、独立计划、独立工作的能力，具有合作、交流等能力	
目标	掌握制冷循环系统常用参数的测量位置和方法；掌握测定制冷机性能的方法	
教学内容	制冷循环系统的组成；压缩机的工作原理；测定制冷机性能的方法；制冷机性能的影响因素	
学生应具备的知识和基本能力	所需知识：制冷技术的基本知识，基本测试仪器仪表的知识；所需能力：正确使用仪器仪表的能力；团队协作能力	
教学媒体：多媒体、实训装置	教学方法：采用引导文教学法和演示教学法	
教师安排：具有工程实践经验，并具有丰富教学经验，能够运用多种教学方法和教学媒体的教师 1 名	教学地点：校内实训室	
评价方式：学生自评；教师评价	考核方法：过程考核；结果考核	

六、任务评价

本任务采用引导文教学法和演示教学法，使学生理解制冷循环系统的组成，掌握压缩机的工作原理以及测定制冷机性能的方法，用测试结果计算得到制冷量和制冷循环的能效比，从而分析影响制冷循环效率的因素，并进一步锻炼数据分析处理的能力。

在接下来的项目中，将进一步对包括制冷机组在内的空调冷热源系统进行测试与评价，学生参与的独立性也逐渐提高。

参考文献

[1] 彦启森,石文星,田长青.空气调节用制冷技术[M].3 版.北京:中国建筑工业出版社,2004.

[2] 贺俊杰.制冷技术与应用[M].北京:中国工业出版社,2006.

项目三

空调冷热源系统测试与评价

空调冷热源系统的能耗在空调系统总能耗中一般为 40% 左右,占有较大的比例。同时,冷热源系统的运行状态,将直接影响到整个空调系统的使用效果和运行的经济性。本项目通过对实际空调冷热源系统中各主要设备进行测试并评价,让学生掌握对实际空调冷热源系统的测试方法以及评价方法,为建筑能耗检测平台实训提供知识准备,并可为空调系统的故障诊断和分析中数据采集工作做准备。

项目三　空调冷热源系统测试与评价

测试时间		年级、专业	
测试者姓名		同组者姓名	

一、任务提出

通过学习,掌握空调冷热源系统的测试与评价方法,用测试结果计算得到冷却塔的特性曲线、空调制冷机组的效率曲线以及在制冷工况下空调冷热源机房的效率曲线,并将测试结果与理论值、当地平均值进行比较,对所测试的空调冷热源系统进行评价。

为了使学生通过本项目的学习,能够对空调冷热源系统的实际运行情况有一些初步的了解,建议本项目最好在商业楼宇的空调冷热源机房中进行。

二、任务分析

知识目标:了解空调冷冻机房内各种设备的作用及工作原理;了解冷却塔的组成和工作原理;了解冷水机组运行时各参数与能效比之间的关系。

技能目标:掌握流量、温度、功率等参数的读取;对于不能直接读取的参数,通过计算间接获得;掌握冷水机组冷冻侧、冷却侧和电源侧功率的计算方法;掌握冷水机组和冷冻机房能效比的计算方法。

能力目标:锻炼协调能力、团队协作能力和分析解决问题的能力。

本项目建议学时为 12 学时。教学组织推荐采用案例教学法、项目教学法等,充分调动学生的积极性,尽可能独立自主地与楼宇物业管理人员沟通协作,完成整个项目的现场测试、数据采集及结果分析处理。

三、知识铺垫

空调冷热源系统在集中式空调系统中又被称为主机,其能耗在空调系统总能耗中一般为 40% 左右,占有较大的比例。同时,冷热源系统的运行状态,将直接影响到整个空调系统的使用效果和运行的经济性。

空调冷热源系统是多种设备的组合,其组合形式很多。一般说来,冷源设备主要是电动压缩式冷水机组,也有一些场合采用吸收式冷热水机组。热源设备的种类就比较多,主要为锅炉,其中锅炉还可以进一步细分为燃气锅炉、燃油锅炉、燃煤锅炉、余热锅炉和电锅炉等。另外,北方地区经常采用城市热网供热,也有些场合采用吸收式冷热水机组和热泵机组作为热源设备。

除了冷热源设备以外,水泵和冷却塔也是空调冷热源系统中必不可少的设备。

在空调冷热源系统中,水泵是用来在冷热源机房和用户之间循环输送冷冻水和热水,以及在空调制冷机组与冷却塔时间循环输送冷却水的设备。在空调冷热源系统中,主要采用的是离心式水泵。根据用途的不同,在空调冷热源系统中的水泵可以分为冷冻水泵、冷却水泵和热水泵等。

空调制冷系统在运行时需要大量的冷却水,将室内的热量排出到室外。使用以后的冷却水,除了温度有所升高外,水质基本上没有变化,经过降温冷却后仍可继续使用。冷却塔是空调制冷系统中常见的水冷却装置,作用是将携带废热的冷却水在塔体内部与空气进行热交换,然后排放至大气中,以降低水温的装置。其冷却原理是利用水与空气相对流动时进行冷热交换并产生水蒸气,水在蒸发时将吸收部分热量,同时空气和水直接接触时也可带走部分热量,从而达到降低水温的目的。根据是否有风机进行强制通风,冷却塔可分为自然通风冷却塔和机械通风冷却塔两大类,目前在空调制冷系统中常用的冷却塔是机械通风冷却塔。

由于空调冷水机组特性和水泵特性的测试已经安排在其他项目中进行,空调热源设备由于其类型的多样性,以及具有一定的危险性,因此在本项目中,仅进行冷却塔特性、空调冷水机组能效比和空调冷热源机房在制冷工况下的整体能效比进行测试。

图 3-1-1 为空调机房的设备,同时标出了在本项目中需要进行测试的温度和流量数据的测点位置。

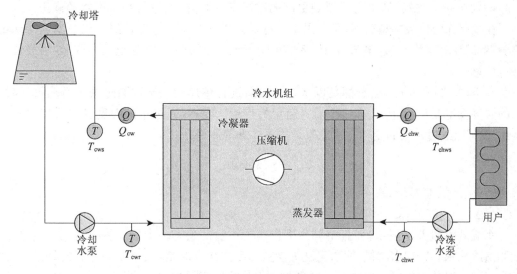

图 3-1-1 空调冷冻机房设备

在本项目中,除了流量、温度等参数的测试外,还要进行能量(功率)的测试与计算。根据上图,为了计算空调冷冻机房的整体效率和能量平衡关系,需要测试压缩机从电网吸取的电能(能量),通过冷冻水从用户侧吸取的热量(能量),以及通过冷却水从冷却塔向周围大气环境排放的热量(能量)。这些能量的形式有电能,也有热能。为了便于计算和比较,通常都是测量单位时间内吸收或者排放的能量,即功率。功率的常用单位是瓦(W)或千瓦

（kW）。

电能的测试相对比较简单。如果需要测量输入电功率的设备安装有多功能电量表,就可以在面板上直接读取输入功率。除了输入功率之外,在多功能电量表的面板上,还可以读取三相电压、三相电流、频率、功率因数和累积电能等参数。

如果没有安装多功能电量表,也可以根据公式

$$P_E = \sqrt{3}UI\cos\varphi$$

来进行计算电功率P_E。这里的电压U和电流I都可以在设备配电柜面板上的电压表和电流表上读取。一般而言,配电柜上电压表只有一块,但是电流表往往有三块,分别测量三相电流。这时应以三相电流的平均值来计算。如果配电柜上没有安装电压表,也可以直接用设备的额定电压（380V）进行计算。

功率因数的确定相对比较困难,一般的配电柜都不安装功率因数表。这时可以根据设备的铭牌上的额定电压、额定电流和额定输入功率这三项数据,算出功率因数,再进行电功率的计算。实际上,电气设备的功率因数不是常数,而是设备负荷率的函数,铭牌数据只是设备在满负荷工况下的功率因数。一般而言,负荷越大,功率因数越高。因此,在用此方法计算电功率时,要根据设备的负荷大小对功率因数进行必要的修正,以提高测试的准确度。

对于冷水机组而言,还有一种方法可以采用。在冷水机组的控制面板上,一般可以读取到一个名为“电流百分率”的参数,它是实际电流与额定电流之比的百分数。因此,可以直接将这个电流百分率的数值乘以机组铭牌上的额定输入功率,就可以得到当前的实际输入功率。当然,如果为了得到更高的准确度,同样需要进行功率因数的修正。

在没有任何仪表的情况下,可以采用手持式的钳形电流表对设备的三相电流进行现场检测,然后计算其平均值,电压取 380 V,功率因数在 0.80~0.90 的范围内取,然后按公式进行估算。

在空调冷冻机房中,热量都是以水作为媒质进行传递的。当水通过某一换热设备时,水的温度发生变化,就传递（交换）了一定量的热量。因此,通过水的温度变化所传递的热量P_H就可以通过水温的变化与水的流量按下式进行计算:

$$P_H = 4.186Q\Delta T$$

式中　Q——流量,L/s;

　　　　ΔT——温差,℃。

水温的测量并不复杂,而且空调冷冻机房中一般都装有多个温度传感器或温度计,用以测量冷冻水和冷却水的供、回水温度等参数。需要注意的是,这里需要计算的是温差,而不是温度。温差的测量一般是通过测量两个相关的温度,然后将结果相减得到温差值。这时需要注意两个温度传感器的误差方向应当一致,以免产生过大的误差。

流量的测量需要借助流量计进行,但是在实际的空调冷冻机房中,安装流量计的并不多。如果现场没有安装流量计,就需要在进行测量时,采用便携式的超声流量计进行现场检测。流量检测应尽量在垂直管段上进行,并在测量探头的上、下游留出足够长度的直管段,以保证测量的准确度。

如果不具备采用超声流量计进行现场检测的条件,也可以通过水泵的特性来估算流

量。这时首先根据水泵两端的压力表读数计算出水泵的扬程,然后在水泵的 P-Q 特性曲线上读取相对应的流量数据,作为流量的估算值。如果水泵是在变频运行状态下,则应该采用相应频率的 P-Q 曲线进行流量估算。

在得到了温差和流量数据后,就可以根据公式计算出热量(功率)。

四、任务实施

本项目若没有实训装置,不可能在实验室内进行。整个项目需依托现实商业楼宇的空调冷冻机房进行。

根据要求,作为测试场地的冷冻机房需具备下列条件:①采用电动压缩式水冷冷水机组作为冷源设备;②具备测量冷却水流量 Q_{cw} 和冷冻水流量 Q_{chw} 的流量仪表;③具备测量冷冻水供水温度 T_{chws}、冷冻水回水温度 T_{chwr}、冷却水供水温度 T_{cws} 和冷却水回水温度 T_{cwr} 的温度仪表;④具备计量整个冷冻机房电源输入功率 $P_{allplant}$ 和单独计量冷水机组电源输入功率 $P_{chiller}$ 的电量仪表。

如果对上述测量仪表的要求难以满足,也可采用下列变通办法:①测量冷却水流量和冷冻水流量的仪表,如果机房中没有安装固定的流量计,可以在测试时临时安装便携式流量计;②冷冻水和冷却水的供、回水温度值,如果可能,可以直接通过冷水机组的控制面板读取;③所有用电设备的输入功率,可以通过测量其输入电压和电流,再合理估计其功率因数进行计算得到。

另外,在测试过程中还需具备便携式温湿度计,以便在进行冷却塔的测试时,计算得到室外空气的湿球温度。

1. 操作步骤

本项目的测试全部在商业楼宇的空调冷冻机房中进行,且持续时间较长,一般要从早晨冷冻机房开机开始,直到晚上冷冻机房停机为止。所以在测试前要做好充分的准备工作,测试时要严格遵守各项规章制度,确保安全。

1)冷却塔特性测试

(1) 在冷水机组开机后 30 min,读取冷却水流量值,并判断其是否已经基本稳定。

(2) 如果冷却水流量尚未稳定,则应继续等待,直到稳定为止。

(3) 如果冷却水流量已经基本稳定,则开始记录数据。需要记录的数据为:时间、冷却水流量 Q_{cw}、冷却水回水温度 T_{cwr}(即从冷却塔流入冷水机组的冷却水温度)、室外空气干球温度 T 和相对湿度 RH。

(4) 以上数据每 10 min 记录一次,直到冷水机组停机为止。

2)空调冷水机组能效比测试

(1) 在冷水机组开机后 30 min,开始记录数据。

(2) 需要记录的数据有:时间、冷却水流量 Q_{cw}、冷冻水流量 Q_{chw}、冷冻水供水温度 T_{chws}、冷冻水回水温度 T_{chwr}、冷却水供水温度 T_{cws}、冷却水回水温度 T_{cwr} 和冷水机组电源输入功率 $P_{chiller}$。

(3) 以上数据每 10 min 记录一次,如能做到每 5 min 一次则更好,直到冷水机组停机为止。

(4) 测试过程中,应尽量使冷水机组供水温度设定值保持不变。

(5) 在开始记录数据 1 h 后,应对所得到的数据进行初步核算,检查是否满足下式:

$$4.186Q_{cw}(T_{cws}-T_{cwr})=4.186Q_{chw}(T_{chwr}-T_{chws})+P_{chiller}（想一想,为什么?）$$

式中的流量单位为升/秒(L/s),功率单位为千瓦(kW)。如果测试数据大致满足以上等式,则继续记录数据,否则应及时寻找原因。

3) 空调冷热源机房在制冷工况下的整体能效比测试

如果要同时进行空调冷热源机房在制冷工况下的整体能效比测试,则在进行空调冷水机组效率测试时,还需要同时记录整个冷冻机房的电源输入功率 $P_{allplant}$。

2. 测试报告

1) 冷却塔特性测试

(1) 列表记录各时刻的冷却水流量、冷却水回水温度、室外空气干球温度和室外空气相对湿度。

(2) 计算各时刻的室外空气湿球温度 T_{wb},计算公式可参见本项目附录。

(3) 选取所记录的数据中,在 30 min 时间内,其湿球温度的变化不超过±0.5℃的那些区间,分别计算这些时间区间内的冷却水回水温度和湿球温度的平均值。

(4) 计算这些时间区间内的"逼近度"(Approach), $Approach=T_{wb}-T_{cwr}$。

(5) 以湿球温度 T_{wb} 为 x 轴,冷却水回水温度 T_{chwr} 为 y 轴,绘制 T_{wb} 与 T_{chwr} 的关系曲线,并与冷却塔技术资料中的相应曲线对比,评价冷却塔的性能。

2) 空调冷水机组能效比测试

(1) 列表记录各时刻的冷却水流量、冷冻水流量、冷冻水供水温度、冷冻水回水温度、冷却水供水温度、冷却水回水温度和冷水机组电源输入功率。

(2) 根据算式 $4.186Q_{cw}(T_{cws}-T_{cwr})=4.186Q_{chw}(T_{chwr}-T_{chws})+P_{chiller}$ 校核测试数据的合理性,剔除那些明显不合理的数据。

(3) 计算每一时刻的冷水机组部分负荷率 PLR 和能效比 $COP_{chiller}$, PLR 和 $COP_{chiller}$ 的计算公式可参见附录。

(4) 将计算所得的在各部分负荷率下的能耗比数据,与冷水机组技术资料中的相应数据进行比较,并评价冷水机组的性能。

(5) 将所有的测试数据根据部分负荷率 PLR 排序,从中选取不少于 5 组的不同部分负荷率数据,要求每组包含的数据不少于 5 个,相互间的部分负荷率相差不超过±3%。数据确定后,求出各组冷却水供水温度 T_{cws} 和能效比 $COP_{chiller}$ 的平均值,观察在部分负荷率相同时,冷水机组能效比与冷却水供水温度之间的关系。

(6) 将所有的测试数据根据冷却水供水温度 T_{cws} 排序,从中选取不少于 5 组的不同冷却水供水温度数据,要求每组包含的数据不少于 5 个,相互间的温度相差不超过±0.5℃。数据确定后,求出各组部分负荷率 PLR 和能效比 $COP_{chiller}$ 的平均值,观察在冷却水供水温度相同时,冷水机组能效比与部分负荷率之间的关系。

3) 空调冷热源机房在制冷工况下的整体能效比测试

(1) 将计算冷水机组 COP 的公式中,以整个冷冻机房的电源输入功率 $P_{allplant}$ 代替冷水机组电源输入功率进行计算,就可以得到空调冷热源机房在制冷工况下的整体能效比

COP_{plant}，COP_{plant}的计算公式可参见附录。

（2）将计算得到的不同运行条件下空调冷热源机房的制冷工况整体能效比，与所在地区同类型机房的能效比数据进行比较，评价所测试机房的能源效率。

3. 数据记录及计算

（1）冷却塔特性测试原始数据记录及计算（表3-1-1）。

表 3-1-1　原始数据记录及计算表

测试时间		年级、专业			
测试者姓名		同组者姓名			
时间	冷却水流量 $Q_{cw}/(\text{L}\cdot\text{s}^{-1})$	冷却水回水温度 $T_{cwr}/℃$	室外空气干球温度 $T/℃$	室外空气相对湿度 RH	室外空气湿球温度 $T_{wb}/℃$	逼近度 $Approach$ /℃

(续表)

时间	冷却水流量 $Q_{cw}/(\mathrm{L \cdot s^{-1}})$	冷却水回水温度 $T_{cwr}/℃$	室外空气干球温度 $T/℃$	室外空气相对湿度 RH	室外空气湿球温度 $T_{wb}/℃$	逼近度 $Approach$ /℃
测试时间		年级、专业				
测试者姓名		同组者姓名				

（2）按图 3-1-2 所示样例绘制湿球温度 T_{wb} 与冷却水回水温度 T_{chwr} 的关系曲线。

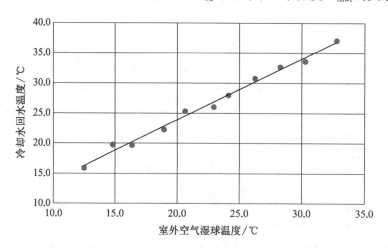

图 3-1-2　制湿球温度 T_{wb} 与冷却水回水温度 T_{chwr} 的关系

表 3-1-2　不同时刻冷水机组的负荷率与能耗比

测试时间

测试者姓名　　　　　　　年级、专业

　　　　　　　　　　　同组者姓名

时间	冷却水流量 Q_{cw}/(L·s^{-1})	冷却水供水温度 T_{cws}/℃	冷却水回水温度 T_{cwr}/℃	冷冻水流量 Q_{chw}/(L·s^{-1})	冷冻水供水温度 T_{chws}/℃	冷冻水回水温度 T_{chwr}/℃	冷水机组部分负荷率 PLR	冷水机组电源输入功率 $P_{chiller}$/kW	冷水机组能效比 $COP_{chiller}$	冷冻机房电源输入功率 $P_{allplant}$/kW	冷冻机房能效比 COP_{plant}

（3）空调冷水机组能效比测试原始数据记录及计算（表 3-1-2，表 3-1-3，表 3-1-4）。

表 3-1-3　不同负荷率下的冷却水供水温度和冷水机组效能比

测试时间		年级、专业	
测试者姓名		同组者姓名	

1. $PLR=$

时间	冷却水供水温度 $T_{chws}/℃$	冷水机组能效比 COP_{chiler}
平均值		

2. $PLR=$

时间	冷却水供水温度 $T_{chws}/℃$	冷水机组能效比 COP_{chiler}
平均值		

3. $PLR=$

时间	冷却水供水温度 $T_{chws}/℃$	冷水机组能效比 $COP_{chiiler}$
平均值		

4. $PLR=$

时间	冷却水供水温度 $T_{chws}/℃$	冷水机组能效比 $COP_{chiiler}$

（续表）

平均值			

5. $PLR=$

时间	冷却水供水温度 $T_{chws}/℃$		冷水机组能效比 $COP_{chiiler}$
平均值			

表 3-1-4　不同冷却水供水温度下的冷水机组负荷率与冷水机组效能比

测试时间		年级、专业	
测试者姓名		同组者姓名	

1. $T_{chws}/℃=$

时间	冷水机组负荷率 PLR	冷水机组能效比 $COP_{chiiler}$
平均值		

2. $T_{chws}/℃=$

时间	冷水机组负荷率 PLR	冷水机组能效比 $COP_{chiiler}$
平均值		

3. $T_{chws}/℃=$

时间	冷水机组负荷率 PLR	冷水机组能效比 $COP_{chiiler}$

（续表）

平均值			

4. $T_{chws}/℃＝$

时间	冷水机组负荷率 PLR	冷水机组能效比 $COP_{chiiler}$
平均值		

5. $T_{chws}/℃＝$

时间	冷水机组负荷率 PLR	冷水机组能效比 $COP_{chiiler}$
平均值		

（4）根据表 3-1-2 中的测试数据，对冷水机组的能效比进行评价。

（5）根据表 3-1-3 中的测试数据，绘制冷水机组冷却水供水温度与能效比的关系曲线，并说明冷水机组的冷却水供水温度与能效比之间有什么关系。这对冷水机组的节能运行有什么参考价值？

（6）根据表 3-1-4 中的测试数据，绘制冷水机组部分负荷率与能效比的关系曲线，并说明冷水机组的部分负荷率与能效比之间有什么关系。这对冷水机组的节能运行有什么参考价值。

（7）根据测试数据，对冷冻机房的整体能效比进行评价，并讨论是否仍有节能空间。

4. 思考题

（1）冷却塔的出塔水温（即冷却水回水温度）与当时的空气湿球温度之间有什么关系？为什么？

（2）算式 $4.186Q_{cw}(T_{cws}-T_{cwr})＝4.186Q_{chw}(T_{chwr}-T_{chws})+P_{chiller}$ 的含义是什么？

（3）计算得到的冷水机组能效比与样本数据是否一致。如不一致，试说明偏差的原因。

（4）根据你的观察，在冷冻机房的电源输入功率 $P_{allplant}$ 中，除了冷水机组的输入功率外,还包括了哪些设备的输入功率?

5. 考核内容与评价标准

考核内容与评价标准见表3-1-5。

表3-1-5 考核内容与评价标准

序号	考核内容	分值	评价标准	得分
1	设备装置的识别	20	是否准确识别测试装置各部件	
2	测试仪器的规范使用	25	使用仪器是否规范,是否爱护仪器	
3	学习态度及与组员合作情况	10	测试过程是否积极主动,是否与组员和谐协作	
4	安全操作	10	是否按照安全要求进行操作	
5	设施复位,场地清洁等	5	善后工作是否主动较好完成	
6	测试报告	30	数据处理结果是否正确,报告内容是否充实,格式是否规范,书写是否整洁	
合计		100		

五、教学设计

教学设计见表3-1-6。

表3-1-6 教学设计

能力描述	具有建筑设施系统测试的知识, 具有独立学习、独立计划、独立工作的能力,具有合作、交流等能力	
目标	掌握空调冷冻机房各基本参数的测试技术; 掌握各种电能和热能的测试与计算方法,并能够根据现场情况合理选用; 掌握冷水机组能效比和空调冷冻机房整体能耗比的测试与计算方法;掌握冷却塔特性的测试与计算方法	
教学内容	电侧能量(功率)的测试、计算方法及选用; 水侧能量(功率)的测试、计算方法及选用; 冷却塔特性的测试与计算方法; 冷水机组能效比的测试与计算; 空调冷冻机房整体能效比的测试与计算	
学生应具备的知识和基本能力	所需知识:水泵的基本知识,冷水机组的基本知识,冷却塔的基本知识,基本测试仪器仪表的知识 所需能力:正确使用仪器仪表的能力;根据已有知识对现场情况进行判断并作出正确决定的能力;团队协作能力	
教学媒体: 空调冷冻机房	教学方法: 采用案例教学法和项目教学法	
教师安排: 具有工程实践经验,并具有丰富教学经验,能够运用多种教学方法和教学媒体的教师1名	教学地点: 实际商业楼宇	
评价方式: 学生自评;教师评价	考核方法: 过程考核;结果考核	

六、任务评价

本项目采用案例教学法、项目教学法等,充分调动学生的积极性,尽可能使学生独立自主地与楼宇物业管理人员沟通协作,完成整个项目的现场测试、数据采集及结果分析处理。在此过程中,学生了解空调冷冻机房内各种设备的作用及工作原理,冷却塔的组成和工作原理,以及冷水机组运行时各参数与能效比之间的关系。另外,学生还可以掌握冷水机组冷冻侧、冷却侧和电源侧功率的计算方法,掌握冷水机组和冷冻机房能效比的计算方法,从而培养学生协调能力、团队协作能力、分析解决问题的能力。

本项目是针对建筑的空调系统侧进行的,下一个项目将针对空调系统服务的建筑环境进行测试与评价。

参考文献

[1] 刘泽华.空调冷热源工程[M].北京:机械工业出版社,2005.

附录　相关计算公式

(1) 湿球温度 T_{wb} 计算公式

$$e_s = 6.6 \times 10^{-4} T^3 + 4.6 \times 10^{-3} T^2 + 4.58 \times 10^{-1} T + 6.63$$

$$Q = 8\ 264.65 - 1\ 480.45 \left(\frac{RH}{100}\right) e_s - 0.966pT$$

$$S = 662.23 + 0.97p$$

$$T_{wb} = \left\{ -\frac{Q}{2} + \left[\frac{Q^2}{4} + \frac{S^3}{27}\right]^{\frac{1}{2}} \right\}^{\frac{1}{3}} + \left\{ -\frac{Q}{2} + \left[\frac{Q^2}{4} + \frac{S^3}{27}\right]^{\frac{1}{2}} \right\}^{\frac{1}{3}} - 1$$

式中　T——空气干球温度，℃；

$\quad\quad RH$——空气相对湿度，以百分数表示；

$\quad\quad p$——大气压力，hPa；

$\quad\quad e_s$、Q、S——计算湿球温度的相关系数。

(2) 冷水机组部分负荷率 PLR 计算公式

$$PLR = \frac{P_o}{P_e} \times 100\% = \frac{4.186 \cdot Q_{chw}(T_{chwr} - T_{chws})}{P_e} \times 100\%$$

式中　P_o——冷水机组输出功率，kW；

$\quad\quad P_e$——冷水机组额定容量（铭牌容量），kW；

$\quad\quad Q_{chw}$——冷冻水流量，L/s；

$\quad\quad T_{chwr}$——冷冻水回水温度，℃；

$\quad\quad T_{chws}$——冷冻水供水温度，℃。

(3) 冷水机组能效比 COP 计算公式

$$COP_{chiller} = \frac{P_o}{P_{chiller}} = \frac{4.186 \cdot Q_{chw}(T_{chwr} - T_{chws})}{P_{chiller}}$$

式中　P_o——冷水机组输出功率，kW；

$\quad\quad P_{chiller}$——冷水机组电源输入功率，kW；

$\quad\quad Q_{chw}$——冷冻水流量，L/s；

$\quad\quad T_{chwr}$——冷冻水回水温度，℃；

$\quad\quad T_{chws}$——冷冻水供水温度，℃。

(4) 空调冷热源机房在制冷工况下的整体能效比计算公式

$$COP_{plant} = \frac{P_o}{P_{allplant}} = \frac{4.186 \cdot Q_{chw}(T_{chwr} - T_{chws})}{P_{allplant}}$$

式中　P_o——冷水机组输出功率，kW；

$\quad\quad P_{auplant}$——冷冻机房电源输入功率，kW；

$\quad\quad Q_{chw}$——冷冻水流量，L/s；

$\quad\quad T_{chwr}$——冷冻水回水温度，℃；

$\quad\quad T_{chws}$——冷冻水供水温度，℃。

项目四
建筑空调环境测试与评价

建筑环境设备工程类专业的主要学习目标之一是如何将建筑室内营造成一个舒适、健康、安全的环境。本项目通过对建筑空间内的热湿环境、空气品质、光环境与声环境等多方面测试并结合现场调研进行综合评价，使学生掌握建筑室内环境的舒适性概念，并培养学生独立学习的能力以及实际动手操作能力。

项目四　建筑空调环境测试与评价

测试时间		年级、专业	
测试者姓名		同组者姓名	

一、任务提出

　　建筑空调环境的优劣决定室内人员的舒适性,本项目为综合性测试,通过从选择评价环境—方案提出—现场测试—整理数据—撰写报告—答辩的项目组织过程,让学生掌握热舒适性概念及室内环境空气参数对热舒适性的影响。

二、任务分析

　　知识目标:掌握热舒适性概念,了解室内环境的各状态参数。

　　技能目标:熟练掌握本专业的基本仪器仪表的使用方法;根据相关标准,掌握确定被测对象的测点布置的方法。

　　能力目标:锻炼学生的团队协作能力、分析能力和语言表达能力。

　　本项目建议学时为 16 学时,其中 8 学时为测试学时,8 学时为数据整理分析学时。教学组织推荐采用分组教学法、案例教学法与项目教学法等,给予学生充分的自主性,鼓励新的思路、观点和方法,激发学生的兴趣。一般建议学生 4 人一组,自主选定要评价的建筑空间,采用综合评分的方法来评价整个空间。

三、知识铺垫

　　建筑的功能是在自然环境不能保证令人满意的条件下,创造一个微环境来满足居住者的安全与健康以及生活生产过程的需要。因此从建筑出现开始,"建筑"与"环境"这两个概念就是不可分割的。室内建筑环境是建筑环境中的重要组成部分,因为人有超过 80% 的时间是在室内度过的,某种程度上来说,室内环境的重要性甚至超过的室外环境。它不仅影响人体的舒适和健康,而且对室内人员的工作效率有显著影响。要创造一个舒适、健康和高效的建筑环境,需要对建筑环境进行评价。

　　建筑环境评价通常有以下三种分类方法。

　　(1) 按照评价阶段分类:建筑环境评价可分为对新建建筑的评价与对既有建筑的评价,即对建筑投入使用前的评价和对建筑使用中的评价。

　　(2) 按照建筑环境要素分类:建筑环境评价分为建筑热湿环境评价、室内空气品质评价、建筑声环境评价与建筑光环境评价等,这些通常可称为单要素评价;如果对两个或两个以上的要素同时进行评价,即为多要素评价。

（3）按照评价方法分类:建筑环境评价包括主观评价和客观评价两部分。目前国内使用较多的综合评分的评价方法包含了客观评价法和主观评价法两部分。

客观评价评分办法:直接采用建筑环境的污染物允许指标和环境所达到的实际状况来评价环境的品质。客观评价包括室内客观环境质量评价(室内空气品质、热湿环境、光环境与声环境)、建筑外环境评价和建筑的运行维护三个方面。客观评价采用积分制,符合相应评价指标即可得分。各项依次进行评分后累计积分,根据分数客观评定建筑环境品质的优劣。

主观评价评分方法:利用人的感觉器官进行描述和评价,一种是表达对环境因素的感觉,另一种是表达环境对健康的影响。这些评价可用国际通用的并根据我国各地区的实际情况修正后的问卷调查表方法来规范和量化,以提取最大的信息量,强化评价数据的可靠。主观评价评分方法要求在室内环境进行客观评价的同时,由同一位置的室内人员完成环境主观评价的调查问卷,即要求主观评价与客观评价同时、同点、同步进行,从而能较全面地反映该环境的实际情况。问卷中问题的设计和问卷发放的数量需满足对结果进行统计分析的要求。

建筑室内环境主要包括热湿环境、室内空气品质、光环境与声环境四个方面,并且都是同时受到各种外扰和内扰下的综合结果。因此,在利用相关的仪器设备对室内环境的各个方面进行测试时,要同时测量室外环境的对应参数状态,并记录室内情况(包括人员、照明、耗电设备、空调系统等各种内扰的状态)。具体的测试参数见表 4-1-1。

表 4-1-1　具体测试参数

室内环境参数	热湿环境	干球温度/℃
		相对湿度
	气流组织	风速/(m·s⁻¹)
	空气品质	二氧化碳浓度/ppm
	光环境	工作面照度/lx
	声环境	噪声/dB
室外环境参数(外扰)		空气干球温度/℃
		相对湿度
		二氧化碳浓度/ppm
		风速/(m·s⁻¹)
室内情况(内扰)		在室人员数/位
		照明开启功率/W
		耗电设备功率/W
		空调系统送风状态参数、工作区域风速

四、任务实施

本项目中要求学生自主选定要评价的建筑空间,采用综合评分的评价方法。客观评价中采用多要素评价的方法,即采用手持式测试仪器对拟评价建筑的热环境、声环境、光环境和空气环境的典型参数进行现场采样测试,典型参数主要包括温度、湿度、风速、二氧化碳浓度、照度和噪声。同时还需用手持式测试仪器采集记录建筑外环境的数据。主观评价方法是在对拟评价建筑现场采样测试的同时,对建筑空间中的人群进行问卷调查,从热、声、光、空气和工作空间等各方面调查分析该空间中人群的感觉。

客观评价中的数据经整理分析,参照日本的 CASBEE 评估体系和我国的《绿色奥运建筑评估体系》中的方法客观评定建筑环境品质的优劣;主观评价的结果以统计问卷调查满意度的百分比值来确定。最后将主观和客观评价结果进行比较分析,得出最终评价结论。

1. 操作步骤

(1) 阅读教材及相关文献、标准,深入理解建筑环境的主观与客观评价方法。

(2) 确定拟评价的建筑空间,规划设计建筑环境的综合评价方案,包括确定评价因素、评价指标、评价标准、测试方案、调查问卷和组员分工等。

(3) 掌握手持式温湿度测试仪、风速测试仪、二氧化碳浓度测试仪、声级计、照度计等测试仪器的基本测试原理和使用方法。

(4) 现场采样测试,测试同时需记录室外环境参数、在室人员情况,灯光、设备等的使用情况,根据拟评价建筑空间的特点,至少选取 4 个时间段来代表不同的工况。

(5) 在现场测试的同时,发放足够份数的调查问卷(调查问卷的回收份数需要用统计学的知识根据调查问卷的问题总数计算确定,以保证主观评价的准确性)。

(6) 整理分析数据,统计调查问卷结果,撰写报告。

(7) 报告完成后进行演示和答辩。

2. 测试报告

(1) 详细记录评价建筑空间的特点、测试仪器、现场采样测试的数据,回收问卷调查,记录测试参加人员等。

(2) 根据相关标准和评价计算方法,分别对采样数据和问卷调查数据进行整理计算,得到客观评价结果和主观评价结果,再将主观和客观评价结果进行比较分析,得出最终评价结论。

3. 数据记录及计算

(1) 原始数据记录(表 4-1-2)。

表 4-1-2　原始数据记录表

1		测量时间段			
室内人员/位		室内照明/W		室内设备/W	
测点位置	温度/℃	相对湿度	风速/(m·s^{-1})	CO$_2$浓度/ppm	照度/lx	噪音/dB
1						
2						
3						

1			测量时间段			
室内人员/位			室内照明/W		室内设备/W	
测点位置	温度/℃	相对湿度	风速/(m·s⁻¹)	CO₂浓度/ppm	照度/lx	噪音/dB
4						
5						
6						
室外状态点						

2			测量时间段			
室内人员/位			室内照明/W		室内设备/W	
测点位置	温度/℃	相对湿度	风速/(m·s⁻¹)	CO₂浓度/ppm	照度/lx	噪音/dB
1						
2						
3						
4						
5						
6						
室外状态点						

3			测量时间段			
室内人员/位			室内照明/W		室内设备/W	
测点位置	温度/℃	相对湿度	风速/(m·s⁻¹)	CO₂浓度/ppm	照度/lx	噪音/dB
1						
2						
3						
4						
5						
6						
室外状态点						

4			测量时间段			
室内人员/位			室内照明/W		室内设备/W	
测点位置	温度/℃	相对湿度	风速/(m·s⁻¹)	CO₂浓度/ppm	照度/lx	噪音/dB
1						
2						
3						
4						
5						
6						
室外状态点						

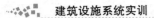

（2）整理分析测量数据（表4-1-3）。

表4-1-3　整理分析测量数据

客观评价的数据分析过程及结果	
主观评价的数据分析过程及结果	
综合评价结果	

4. 思考题

（1）风速的测量探头应该放在风管的什么位置？为什么同一横截面的各处风速不同？

（2）室内空气品质评价指标中除了二氧化碳，还有哪些？

5. 考核内容与评价标准

考核内容与评价标准见表4-1-4。

表4-1-4　考核内容与评价标准

序号	考核内容	分值	评价标准	得分
1	实训装置部件的识别	20	是否准确识别实训装置各部件	
2	测试仪器的规范使用	25	使用仪器是否规范，是否爱护仪器	
3	学习态度及与组员合作情况	10	测试过程是否积极主动，是否与组员和谐协作	
4	安全操作	10	是否按照安全要求进行操作	
5	设施复位，场地清洁等	5	善后工作是否主动较好完成	
6	测试报告	30	实验数据处理结果是否正确，报告内容是否充实，格式是否规范，书写是否整洁	
	合计		100	

五、教学设计

教学设计见表4-1-5。

表4-1-5　教学设计

能力描述	具有建筑设施系统测试的知识，具有建筑环境学的基本知识；具有独立学习、独立计划、独立工作的能力，具有合作、交流等能力
目标	掌握基本仪器仪表的使用方法；掌握确定被测对象的测点布置的方法
教学内容	热舒适性的概念；室内环境的各典型参数；现场测试测点布置的方法；调查问卷的设计方法
学生应具备的知识和基本能力	所需知识：建筑环境学的基本知识，基本测试仪器仪表的知识 所需能力：正确使用仪器仪表的能力，团队协作能力

（续表）

教学媒体： 多媒体、多种手持式测试仪器	教学方法： 采用分组教学法、案例教学法、项目教学法
教师安排： 具有工程实践经验，并具有丰富教学经验，能够运用多种 教学方法和教学媒体的教师 1 名	教学地点： 学生自行选择的校内建筑空间
评价方式： 学生自评；教师评价	考核方法： 过程考核；结果考核

六、任务评价

通过本项目，学生能够掌握热舒适性概念，加深对热舒适性影响因素的认识，能够对测试结果进行定性和定量分析，给予学生充分的自主性，鼓励新的思路、观点和方法，激发学生的兴趣，锻炼学生的团队协作能力、分析能力和语言表达能力。

参考文献

[1] 黄晨.建筑环境学[M].北京:机械工业出版社,2010.

[2] 中华人民共和国住房和城乡建设部.建筑热环境测试方法标准:JGJ/T 347—2014[S].北京:中国建筑工业出版社,2014.

[3] 中华人民共和国住房和城乡建设部.民用建筑室内热湿环境评价标准:GB/T 50785—2012[S].北京:中国建筑工业出版社,2012.

[4] 中华人民共和国住房和城乡建设部.民用建筑工程室内环境污染控制规范:GB 50325—2010[S].北京:中国建筑工业出版社,2013.

[5] 中华人民共和国住房和城乡建设部.建筑照明设计标准:GB 50034—2013[S].北京:中国建筑工业出版社,2014.

[6] 中华人民共和国环境保护部.声环境质量标准:GB 3096—2008[S].北京:中国环境出版社,2013.

项目五

拓展与提高

一幢节能的建筑往往需要建立建筑能耗监测平台来实时掌握建筑的能耗情况，以便及时发现运行中的问题及其节能潜力点。同时，一幢安全的建筑则需要建筑安防系统和火灾报警系统的保护。现代化的绿色建筑需要同时保证节能性、舒适性和安全性，因此本项目是针对空调系统之外的建筑其他系统而设计，帮助学生拓展知识。另外，添加了空调工程设计实训和供热工程设计实训，以帮助学生更深入了解空调工程和供热工程的内容，同时锻炼学生团队协作、沟通协调，以及解决实际问题的能力。

任务一　建筑能耗监测平台实训

测试时间		年级、专业	
实训者姓名		同组者姓名	

一、任务提出

　　建筑是实施节能减排的重点领域之一,建筑能耗监测平台对建筑节能意义重大。本任务在了解建筑能耗监测平台构成的基础上,掌握建筑能耗监测平台中能耗数据仪表的使用方法,并通过数据采集模块实训掌握工程中的数据采集与通信方式方法,了解组态软件的工程应用,以期为建筑节能培养工程技术人员。

二、任务分析

　　知识目标:了解建筑能耗监测平台构成,并掌握实验装置的构成原理与组成;掌握主要仪器、设备性能及其使用方法;了解组态软件的选型、通信与设计等。

　　技能目标:掌握对建筑能耗监测平台和组态软件的基本操作技能。

　　能力目标:培养沟通能力及独立处理信息、分析解决问题的能力。

　　本任务建议学时为2学时。教学组织推荐采用演示教学法、案例教学法等来展示建筑能耗检测平台和组态软件的操作方法等。

三、知识铺垫

1. 建筑能耗检测平台相关基础知识

　　对建筑能耗检测平台基础知识的介绍主要包括建筑能耗分类、检测仪表、网络通信技术和监控组态软件等部分,鉴于本书对相关仪表进行了介绍,并且网络通信技术为工科教育基本内容,此处不再赘述。

　　(1) 建筑能耗分类及能耗监测的意义

　　一般而言,广义建筑能耗是指从建筑材料制造、建筑施工,一直到建筑使用的全过程能耗。狭义建筑能耗或建筑使用能耗则是指维持建筑功能和建筑物在运行过程中所消耗的能量,包括照明、采暖、空调、电梯、热水供应、烹调、家用电器以及办公设备等的能耗。除非特别指明,一般提及的建筑能耗是指使用能耗。

　　一个国家或地区建筑能耗在总能耗中的比例,反映了这个国家或地区的经济发展水平、气候条件、生活质量,以及建筑技术水准。发达国家在进行能源统计时,一般按照四个部门分别统计,即工业、交通、商用和居民。可以把商用和居民两项作为建筑能耗看待,因此,发达国家的耗能部门实际上就是工业、交通和建筑三大类,它们各自在总能耗中所占有的比例基本上是各占 1/3。

与发达国家相比,我国人均或者单位面积建筑能耗强度都处在较低的水平。如果我国建筑能耗强度达到发达国家水平,建筑能耗总量就将数倍增长。随着我国城市化过程的不断深入,建筑能耗有进一步增加的趋势,尤其是在我国以煤为主的能源结构条件下,建筑耗能会直接或间接地带来大气环境污染,并成为城市中重要的温室气体排放源。我国建筑节能减排压力大,进行建筑能耗监测的目的是促进建筑节能减排实施。

(2)监控组态软件介绍

组态软件产品于 20 世纪 80 年代初出现,并在 20 世纪 80 年代末期进入我国。随着工业控制系统应用的深入,在面临规模更大、控制更复杂的控制系统时,人们逐渐意识到原有的上位机编程的开发方式,对项目来说是费时费力、得不偿失的,随着管理信息系统和计算机集成制造系统的大量应用,要求工业现场为企业的生产、经营、决策提供更详细和深入的数据,以便优化企业生产经营中的各个环节。因此,组态软件在国内外的应用逐渐得到了推广应用。

监控组态软件对于快速开发监控系统具有重要意义,已经成为工业自动化系统的必要组成部分,即"基本单元"或"基本元件"。作为自动化通用型工具软件,组态软件在自动化系统中始终处于"承上启下"的地位。用户在涉及工业信息化的项目中,如果涉及实时数据采集,首先会考虑使用组态软件。正因如此,组态软件几乎应用于所有的工业信息化项目当中。

监控组态软件具有支持 OPC、支持脚本语言,具有可扩展性和开放性等特点。过程控制对象的连接与嵌入技术(OLE for Process Control, OPC)基金会建立了软件和硬件接口标准,即 OPC 规范,它是在现有的 OLE、组件对象模(Component Object Model, COM)和分布式组件对象模(Distributed COM, DCOM)的基础上建立的,已获得了大多数硬件和软件制造商的承认,成为一种国际标准,为软件组件交互和共享数据的完整的解决方案。在支持 OPC 的系统中,数据的提供者作为服务器(Server),数据请求者作为客户(Client),服务器和客户之间通过 DCOM 接口进行通信,而无需知道对方内部实现的细节。脚本语言是扩充组态系统功能的重要手段,大多数组态软件提供了脚本语言的支持。此外,组态软件的组态环境一般具有可扩展性和开放性等特点。

目前在国内外市场占有率较高的监控组态软件分别是 G EFanuc 的 iFix、Wonderware 的 Intouch、西门子 WinCC、Citect 和 LabView 等。中国内地厂商以力控、亚控等为主,除此外还有 5~10 个厂商从事监控组态软件业务。

2. 建筑能耗监测平台组成

1)建筑能耗监测平台拓扑结构

常规监控系统一般采用典型的三层结构,即现场数据采集层、上位机监控管理层和远程监控层。建筑能耗监测平台可采用典型的三层结构,其中,现场数据采集层与上位机监控管理层可通过有线或无线通信方式连接,上位机监控管理层和远程监控层通过 Ethernet/Internet 网络连接,如图 5-1-1 所示。

建筑能耗监测平台可通过两种方式获得能耗数据,一是通过数据采集模块采集电、水、燃气等各种类型的分类分项能耗数据;二是通过与第三方系统的链接,获取用能设备的用能参数,如从 BA 系统、电力管理系统等获得。在具体实施中,可根据项目规模、施工难易程度及成本等,灵活选择通信介质和组网方式。

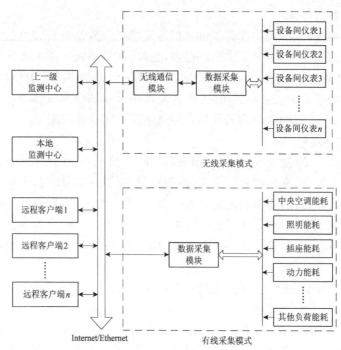

图 5-1-1 建筑能耗监测平台的拓扑结构

2）现场数据采集

现场数据采集模块完成对建筑能耗数据、影响建筑负荷的相关量与用能设备状态的采集，数据来自对各类能耗的计量采集及第三方系统。

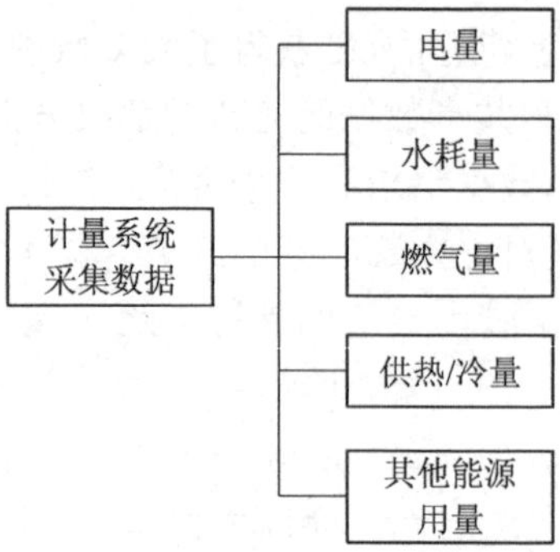

（1）计量系统采集数据

计量系统采集的数据包括电、水、燃气等，如图 5-1-2 所示。为保证能耗数据分析、能源审计的准确性，能耗采集数据应满足以下条件：

① 数据采集频率需一致；

② 数据采集要确保完整性和准确性；

③ 数据采集计量单位要有统一标准；

④ 各数据采集点的时钟必须同步。

图 5-1-2 建筑能耗监测平台采集
的数据

（2）数据采集模块

数据采集模块实现对计量仪表的采集和对采集数据的运算、存储等处理，并将数据通过有线或无线网络传输至上位监控管理层；数据采集模块，应具有一定的数据存储能力，能够脱离平台独立工作，具备 Web 供能、能够远程访问。数据采集模块，上行应支持 TCP-IP 接口和协议，下行应支持 RS-485，Meter-Bus，Modbus 等通信接口，并支持符合各相关行业智能仪表标准的各种有线或无线物理接口，对于电能表，支持行业标准《多功能电表通信规约》(DL/T 645—1997)，对于水表、燃气表和热（冷）量表，支持行业标准《户用计量仪表数据传输技术条件》(CJ/T 188—2004)。

（3）第三方系统

从第三方系统获得能耗数据的途径主要包括：

① 建筑设备监控系统(BA);

② 智能照明系统;

③ 电力管理系统;

④ 其他与建筑能耗相关的动态数据。

（3）上位机管理与远程监控

上位机管理及远程监控,可用组态软件等专业软件快速开发,用于实现建筑能耗数据存储、运算、分析、显示、报表及管理等功能,主要功能应包括:

① 通信与采集功能。对底层数据采集模块进行数据采集,数据采集频率可根据具体需要灵活设置。

② 数据存储/报表。将所有监测到的参数存储于数据库中,系统可通过商用数据库软件建立历史数据库,其中包括原始数据、小时数据、日报数据、月报数据、年报数据,并能实现打印和下载。数据表内将能耗数据进行分类、分项统计并保留各支路的原始数据。其中分类、分项数据包括电量、水耗量、燃气量、集中供热耗热量、集中供冷耗冷量、其他能源应用量、照明插座用电、空调用电、动力用电、特殊用电,以及折算的标煤值等。

③ 趋势变化/显示。用趋势曲线图显示重要监测参数记录。能耗监测系统针对历史数据进行图形趋势分析,能更直观的体现数据的变化趋势,如小时曲线、日报曲线、月报曲线和年报曲线。

④ 报警与事件记录功能。并根据采样数据给出超限报警,将产生的报警及时存储于报警数据库中,并提供打印功能。

⑤ 其他功能。如远程监控登录、本地用户权限。

四、任务实施

实训装置构成原理如图 5-1-3 所示。实训装置设备信息见表 5-1-1。

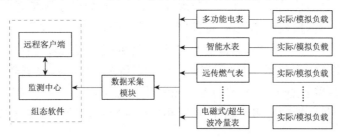

(a) 有线通信模式

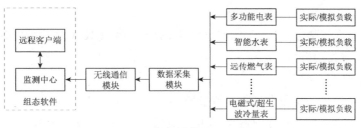

(b) 无线通信模式

图 5-1-3 实训装置构成原理

表 5-1-1　实训装置设备信息

设备/软件	描述
多功能电表	能够检测常用电力参数,如电压、电流、有功、无功、有功电耗、无功电耗、功率因数、频率等,提供 Modbus-RTU, RS-485 通信接口
智能水表	具有远传自动抄表和人工集中抄表模式,提供 Meter-Bus 总线接口
远传燃气表	可采用直读式远传燃气表,具有远传自动抄表和人工集中抄表模式,提供 Meter-Bus 总线接口
电磁/超声波冷量表	建筑空调系统冷量计量,提供 RS-485 通信接口
数据采集模块	对计量仪表的采集和对采集数据的运算、存储等处理。上行支持 TCP-IP 接口和协议,下行支持 RS-485, Meter-Bus, Modbus 等通信接口
无线通信模块	如 GPRS, ZigBee 等无线通信模块
组态软件	组态软件,又称组态监控软件系统软件(Supervisory Control and Data Acquisition,SCADA),是指数据采集与过程控制的专用软件。软件产品较多,如力控、组态王、紫金桥、Intouch、WinCC 等

注:有些数据采集模块,集成了无线通信模块的功能

根据实训目标,可依据实验装置构成原理自行设计。根据通信方式的不同,可分为有线通信和无线通信两种;计量仪表部分,可连接实际系统,也可设计实验的模拟系统;组态软件部分,可依据设定的采集周期采集各仪表数据,并以图形界面形式显示,与现场仪表直读数据比对验证。

1. 操作步骤

(1) 检查依据建筑能耗监测平台搭建的实训装置,确保电气安全、强电弱电分开,确保实际负载或模拟负载的安全性。

(2) 打开上位机监控中心的组态软件,仪表电源供电(上电),检查通信线路,确保通信正常。

(3) 设定数据的采集周期,逐一调节现场采集仪表前端的实际负载或模拟负载,对比组态软件实测数据与各仪表直读数据,待数据稳定后看两者是否一致。

(4) 重新设置数据采集周期,重复上述过程,待数据稳定后看两者是否一致。

(5) 若采用无线通信系统(如 GPRS、Zigbee 和 Wi-Fi 等),设置较小的采集周期(如 1 s, 500 ms 等),重复上述过程,看两者之间的时间延迟情况。

(6) 在上位机监控中心组态软件内,对相关能耗数据进行曲线显示、趋势分析、生成报表等操作。

(7) 通过上位机监控中心组态软件架设 C/S 服务器,在远程客户端安装客户端软件,对上位机监控中心进行远程访问。

(8) 全部实训步骤完成后,关闭组态软件,处置好采集仪表前端的实际负载或模拟负载,然后关闭所有仪表设备电源。

2. 实训报告

(1) 总结各仪表的使用方法及注意事项。

(2) 分析并总结组态软件中数据库 I/O 变量定义、有效数字选取、量程变换对能耗数据精度的影响。

(3) 若采用无线通信系统,验证系统的时间延迟情况。

3. 数据记录

将数据记录在表 5-1-2 中。

表 5-1-2　数据记录表

序号	仪表	仪表直读数据	组态软件显示数据
1	电能表		
2	水表		
3	燃气表		
4	冷量表		
5	……		
6	其他仪表		
实训参数等条件			
实训中出现的问题			
原因分析和解决方案			
对本次实训的建议			

4. 思考题

组态软件显示数据与仪表直读数据是否一致？如不一致,试分析不一致的原因。

5. 考核内容与评价标准

考核内容与评价标准见表 5-1-3。

表 5-1-3　考核内容与评价标准

序号	考核内容	分值	评价标准	得分
1	实训装置部件的识别	20	是否准确识别实训装置各部件	
2	实训仪器的规范使用	25	使用仪器是否规范,是否爱护仪器	
3	学习态度及与组员合作情况	10	实训过程是否积极主动,是否与组员和谐协作	
4	安全操作	10	是否按照安全要求进行操作	
5	设施复位,场地清洁等	5	善后工作是否主动较好完成	
6	实训报告	30	实验数据处理结果是否正确,报告内容是否充实,格式是否规范,书写是否整洁	
	合计		100	

五、教学设计

教学设计见表 5-1-4。

表 5-1-4　教学设计

能力描述	具有建筑能耗的基础知识; 具有独立学习、独立计划、独立工作的能力,具有合作、交流等能力
目标	掌握各类能耗采集仪表的正确使用方法; 初步形成构建网络监控系统的能力

（续表）

教学内容	针对建筑能耗数据采集要求,选择各类能耗采集的仪表; 各类能耗采集仪表的特性和正确使用方法; 利用有线或无线方式构建网络通信系统; 利用工控(组态)软件构建监控系统的监控中心软件
学生应具备的知识和基本能力	所需知识:建筑能耗的基本知识,各类能耗采集仪表的基本知识,构建网络通信系统的基本知识,工控(组态)软件的基本知识 所需能力:正确使用仪器仪表的能力;构建网络监控系统的初步能力;团队协作能力

教学媒体: 多媒体、实训装置	教学方法: 采用演示教学法和案例教学法
教师安排: 具有工程实践经验,并具有丰富教学经验,能够运用多种教学方法和教学媒体的教师1名	教学地点: 校内实训室,有条件的还可以到在建或运营的建筑能耗管理平台参观学习
评价方式: 学生自评;教师评价	考核方法: 过程考核;结果考核

六、任务评价

本任务通过演示教学法、案例教学法等帮助学生了解建筑能耗监测平台构成,掌握建筑能耗监测平台中能耗数据仪表的使用方法,并通过数据采集模块实训掌握工程中的数据采集与通信方式方法,了解组态软件的工程应用,进一步加强培养学生沟通能力以及独立处理信息、分析解决问题的能力,并增强学生节能减排、环境保护的意识。

参考文献

[1] 江亿,彭琛,胡姗.中国建筑能耗的分类[J].建设科技,2015,14:22-26.

[2] 中华人民共和国住房和城乡建设部.民用建筑能耗数据采集标准:JGJ/T 154—2007[S].北京:中国建筑工业出版社,2007.

[3] 上海市智能建筑建设协会.建筑智能化节能技术[M].上海:同济大学出版社,2013.

[4] 吴亦锋,刘彪,徐巧玲.大型公共建筑能耗监控系统研究[J].福州大学学报,2011,39(1):81-89.

[5] 杨孝鹏.国内外建筑能耗监测平台建设调查与研究[J].工程与建设,2011,25(1):83-84,139.

[6] 倪旻.工业控制组态软件的产品对比及发展趋势[J].测控技术,2000,19(9):38-40.

[7] 马国华.监控组态软件的相关技术发展趋势[J].自动化博览,2009,2:16-19.

任务二　建筑安防系统实训

测试时间		年级、专业	
实训者姓名		同组者姓名	

一、任务提出

建筑安防系统是由安全防范产品和其他相关产品所构成的防入侵报警系统、视频监控系统、出入口控制管理系统（门禁管理）、电子巡更等系统构成，或是以这些系统为子系统组合或集成的电子系统。它涉及的范围很广，其中最主要的组成部分是视频监控系统和防盗防入侵报警系统。安防系统可狭义地理解为防盗防入侵报警系统，是对建筑物出入口、周界及建筑内需防护的区域和空间进行入侵防护的智能系统。建筑安防系统主要由防盗报警主机和各种防入侵传感器组等设备构成，形成入侵防护区。本任务将通过实训装置对建筑安防系统的基本组件进行实训。

二、任务分析

知识目标：了解建筑安防系统的基本架构及各组成部分的功能，了解安防系统中常用探测器的特性，了解报警管理软件的功能。

技能目标：掌握系统中各设备间接线方式及如何使用控制键盘对防区进行编程设置。

能力目标：培养团队协作和应急处理事件的能力。

本任务建议学时为 2 学时。教学组织推荐演示教学法、模拟教学法、案例教学法等，帮助学生掌握建筑安防系统的工作原理及其操作方法。

三、知识铺垫

建筑安防系统以维护社会公共安全为目的。运用安全防范产品和其他相关产品所构成的系统，自动探测发生在布防监测区域内的入侵行为，产生报警信号，并提示值班人员发生报警的区域部位，显示可能采取的对策。随着智能化的技术水平不断提高，安全防范系统也越来越智能化，一个完整的智能化安防系统主要包括：防盗防入侵报警、视频监控、门禁管理、访客对讲系统、电子巡更等。智能安防与传统安防的最大区别在于智能化，传统安防对人的依赖性比较强，非常耗费人力，而智能安防系统能够通过探测器及控制器实现智能判断，从而能够更及时准确地探测到防范区域有异常发生。一旦发生入侵或异常事件，就能通过声光报警信号在安保控制中心准确显示出事地点，便于迅速采取应急措施。

本实训内容主要针对防盗防入侵报警系统进行操作训练。

防盗防入侵报警系统的主要用途,是对建筑物的周界或室内部分区域进行实时监控,防范针对建筑物或室内布防区域的非法进入。报警系统可分为简单系统和复杂系统,基本结构都是由多个探测器、报警主机、报警开关、紧急按钮和警报处理装置等组成。简单系统适用于一般小用户,采用小型报警控制器,所控制防区也较少,一般不超过16路。复杂系统的设备结构和简单系统没有太大差别,只是具有更多的防范点,可防范的区域也较多,一般在16路以上,适用于较大的工程系统。安防系统的基本结构如图5-2-1所示。

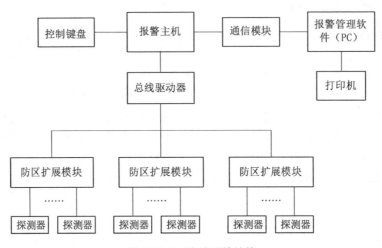

图 5-2-1 安防系统结构

系统中,报警主机是系统的核心部分,及时对安装于前端的探测器发出的报警信号进行处理和反馈,当主机接到探测器触发的报警信号后,会触发声光报警器等警示装置,引起值班人员的注意。

报警探测器是布置于设防区域的各类防入侵传感器,如有人员非法入侵该区域,会触发探测器发出报警信号,以达到安全防范的目的。报警探测器是系统的末端装置,是系统的"眼睛",探测器要具有一定的可靠性、稳定性,这就要求探测器对所安装的环境具有抵抗干扰的能力,如外界光源、气流、噪声及小动物活动等,要在高温、高湿、寒冷等较恶劣环境下工作性能稳定。另外,还应具有防破坏和防拆卸的保护功能,一旦报警探测器遭人为破坏或出现意外事件造成保护外壳拆开或者报警信号传输线路短路、断路等异常情况时,探测器应及时发出警报。

探测器按工作原理分的种类较多,适用场所也各不相同,为在各种场所得到有效稳定的监视防范效果需在不同的防范区域和场所选用适当的探测器。常用探测器有以下几种。

(1)主动式红外探测器。也称红外对射探测器或光束遮断式探测器,由红外线发射器和接收器两部分组成,发射器发出一定频率的红外线与接收器对射,发射器和接收器之间的红外光束形成了一道不可见的保护线。如有物体遮挡光束,接收器无法接收到红外线光束从而触发报警。红外线有较远的传输距离,又属于非可见光源,不易被入侵者发现、躲避,很适用于室外院落周边的安全防范。在室外使用的探测器要求对安装环境有较强的适应性,能鉴别日光等非指定频率的其他光源,抵抗干扰,在雨、雪、雾等恶劣天气环境下也不会发生误报。

（2）被动式红外探测器。之所以称其为被动式是因为其本身不向外发射任何光源，而是探测有限范围内移动物体发出的红外线辐射，根据外界红外辐射能量的变化来判断是否有人在移动。人体的红外辐射能量与其他物体和环境有差别，人体都有恒定的体温，一般在 37℃ 左右，会发出特定波长 10 μm 左右的红外线，被动红外报警器就是靠探测人体发射的 10 μm 左右的红外线而进行工作的。人体发射的 10 μm 左右的红外线通过菲涅尔滤光片增强后聚集到红外感应源上，红外感应源通常采用热释电元件，这种元件在接收到人体红外辐射温度发生变化时就会失去电荷平衡，向外释放电荷，后续电路经检测处理后就能产生报警信号。

当有人通过探测区域时，探测器收集到不同的红外能量的位置变化，进而通过分析发出报警信号。同样为了防止小动物的活动引起误报，只有当探测器探测到的红外能量达到一定程度后，才会发出报警信号。

（3）双鉴探测器。双鉴探测器就是将两种探测技术结合在一起的探测器，以进一步减少误报概率，提高报警准确性。最常见的双鉴探测器是红外-微波探测器，它将被动红外探测技术和微波探测技术结合在一起使用，只有当红外探测与微波探测同时有触发信号产生时，才输出报警信号。

报警系统可支持多个键盘，这时可设一个主键盘。当需要分区时，可以用某个键盘控制某一分区，对该分区进行独立布防或撤防。也可以由主键盘对所有分区同时布防或撤防。控制键盘的显示屏可实时直观显示运行状态及报警信息，并伴有报警蜂鸣音。

通信模块是连接报警主机与打印机或计算机的接口转换模块。若想使主机直接连接串口打印机或计算机时，就必须使用该通信模块。另外，也可以使用 RS-232/RS-485 接口或网络接口来实现与外围设备的通信。

一般在安防系统中，通过控制键盘即可实现对防区设置和控制。安装报警主机管理软件不仅方便物业管理人员对系统状态监视管理，还能通过 TCP/IP 网络完成和其他楼宇智能系统如门禁系统等相互通信。

报警主机可通过管理软件实现对主机设备参数的设置；可增加用户和防区并对新增用户和防区参数设置；激活用户防区定位窗口，可将防区定位于所联动的地图（类似建筑平面图），可在地图上直观看到已定位的各个防区，并可通过地图和状态表等监控各防区状态；当然也可通过管理软件进行各防区撤、布防；可处理报警事件，报警数据可保存至历史数据库并可根据需要本地打印；也可通过设置把报警事件以邮件形式发至用户及相关人员的邮箱；另外，也可对巡更进行管理。

四、任务实施

实训装置报警主机自带有一定数量的防区，也可根据需要利用扩展模块扩充多个防区，其系统设备包括有报警控制主机、控制键盘、防区扩展模块、数据通信接口模块、光束遮断式红外探测器（主动红外对射探测器）、被动式红外探测器和双鉴探测器。以上设备构成最基本系统架构。

图 5-2-2 仅为设备间连接的示意图，实际的接线方式应根据具体设备的接线说明，接

线前要详细阅读各设备相关说明资料,以免操作过程中造成设备损坏。

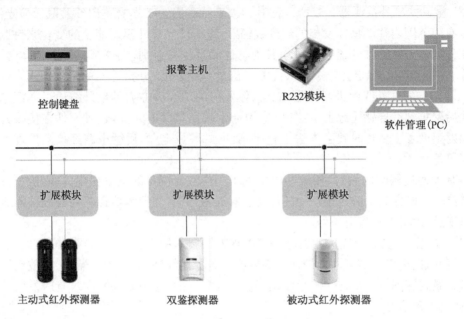

控制键盘　　报警主机　　R232模块　　软件管理(PC)

主动式红外探测器　　双鉴探测器　　被动式红外探测器

图 5-2-2　设备系统

1. 操作步骤

(1) 首先仔细阅读实验系统中各设备操作说明文件,初步了解各设备在系统中的接线方式功能及作用。

(2) 观察系统结构,并绘制结构图。

(3) 打开各探测器保护壳,根据其内部结构分析工作原理。

(4) 确认各设备接线正确,根据操作手册对报警主机进行防区设置,在实训任务中要求用三种不同探测器模拟探测三个不同防区。各防区可设置不同防区类型:即时防区、静音防区、延时防区、24小时防区等。

(5) 利用键盘对系统进行控制操作。系统布防:输入操作密码,按下"布防"键,布防后触发各防区探测器观察各设备的响应状态。

(6) 系统撤防:输入操作密码,按下"撤防"键,即可撤防并把报警历史信息清除。

(7) 依次设置各探测器所处防区的防区类型,然后触发探测器观察系统响应。

(8) 实验结束时,将编程设置恢复为出厂设置,便于下一组学生编程操作。

(9) 清理实验台桌面,关闭设备电源。

2. 实训报告

(1) 详细列表给出系统中所用设备名称、型号、作用。

(2) 绘制实际系统的接线图及系统结构图。

(3) 简述各探测器所设置的防区类型及特性。

(4) 记录各防区编程的设置过程。

(5) 根据各探测器不同的触发方式,分析各类探测器的工作原理。

(6) 简述报警系统管理软件功能。

3. 思考题

(1) 观察系统中终端电阻的接入方式和不同的接法，并说明其作用。

(2) 在布防状态下关闭探测器供电电源，系统将会有什么响应？为什么？

4. 考核内容与评价标准

考核内容与评价标准见表5-2-1。

表5-2-1 考核内容与评价标准

序号	考核内容	分值	评价标准	得分
1	实训装置部件的识别	20	是否准确识别实训装置各部件	
2	实训仪器的规范使用	25	使用仪器是否规范，是否爱护仪器	
3	学习态度及与组员合作情况	10	实训过程是否积极主动，是否与组员和谐协作	
4	安全操作	10	是否按照安全要求进行操作	
5	设施复位，场地清洁等	5	善后工作是否主动较好完成	
6	实训报告	30	实验数据处理结果是否正确，报告内容是否充实，格式是否规范，书写是否整洁	
	合计		100	

五、教学设计

教学设计见表5-2-2。

表5-2-2 教学设计

能力描述	具有建筑安防系统的知识； 具有独立学习、独立计划的能力，具有合作、交流等能力	
目标	了解建筑安防系统的基本架构及各组成部分的功能，了解安防系统中常用探测器的特性，了解报警管理软件的功能； 掌握系统中各设备间接线方式及使用控制键盘对防区进行编程设置	
教学内容	建筑安防系统的基本架构及各组成部分的功能； 安防系统中常用探测器的特性； 报警管理软件的功能； 系统中各设备间接线方式； 使用控制键盘对防区进行编程设置	
学生应具备的知识和基本能力	所需知识：建筑安防系统的基本知识，基本测试仪器仪表的知识 所需能力：正确使用仪器仪表的能力；团队协作能力	
教学媒体： 多媒体、实训装置	教学方法： 采用演示教学法、模拟教学法和案例教学法	
教师安排： 具有工程实践经验，并具有丰富教学经验，能够运用多种教学方法和教学媒体的教师1名	教学地点： 校内实训室	
评价方式： 学生自评；教师评价	考核方法： 过程考核；结果考核	

六、任务评价

本任务通过演示教学法、模拟教学法、案例教学法等,帮助学生掌握建筑安防系统的工作原理及其操作方法,培养学生的团队协作和应急处理事件的能力。

参考文献

[1] 沈晔.楼宇自动化技术与工程[M].2版.北京:机械工业出版社,2012.

[2] 张小明.楼宇智能化系统与技能实训[M].北京:中国建筑工业出版社,2015.

[3] 吴关兴.智能楼宇系统操作与实训[M].北京:清华大学出版社,2012.

[4] 谢秉正.楼宇智能化原理及工程应用[M].南京:东南大学出版社,2007.

[5] 王再英,韩养社,高虎贤.楼宇自动化系统原理与应用:修订版[M].北京:电子工业出版社,2013.

任务三 火灾报警系统实训

测试时间		年级、专业	
实训者姓名		同组者姓名	

一、任务提出

火灾报警系统是消防安全系统的一部分,可帮助现代建筑及其他有人员活动、物品存放的场所及早发现火灾并发出警报。及时采取有效的灭火措施,可避免更大的人员伤亡和财产损失。本任务可使学生了解并掌握目前应用于实际工程的火灾报警系统的基本结构,系统中各种设备的作用以及操作方法。

二、任务分析

知识目标:掌握火灾报警系统的基本架构;系统配置中各组成部分在系统中的功能;掌握火灾报警系统中常用探测器的特性以及火灾报警控制器可实现的功能。

技能目标:掌握火灾报警系统的应急操作方法。

能力目标:锻炼团队协作和应急处理事件的能力。

本实训任务建议学时为2学时。教学组织推荐采用演示教学法、模拟教学法、案例教学法等,帮助学生掌握火灾报警系统的基本架构和系统配置中各组成部分在系统中的功能;掌握火灾报警系统中常用探测器的特性以及火灾报警控制器可实现的功能。

三、知识铺垫

消防安全系统是楼宇自动化系统重要的组成部分,该系统包括火灾报警与消防联动控制两部分。火灾报警系统是由火灾报警控制器、触发器件和火灾警报装置组成,能够及时、准确地感测和发现被保护场所火灾发生前期状况,并发出警报,从而使被保护场所中的人员有足够的时间在火灾尚未发展并蔓延到严重危害到人员生命安全时疏散到安全区域。火灾报警系统是保障人员生命及财产安全的第一道屏障,是建筑消防系统中最基本的组成部分。消防联动控制系统是在火灾经现场确认后的执行部分,系统组成主要有:消防联动控制器、控制室显示装置、消防电气与电动装置、联动模块、消防栓按钮、应急广播和电话等设备组成。在接到火灾警报信号后,联动控制器会按原设定控制逻辑对消防设备(消防泵、喷淋泵、防火阀、防火门、防烟排烟阀和通风装置等)发出联动控制信号,启动灭火设备执行灭火任务,当完成设备的控制功能后将设备动作后的信号反馈给控制器并显示设施状态,从而使监控管理人员可监视建筑内消防设施的状态。

该实训内容主要为火灾报警部分,使学生对消防安全系统有初步的认识和了解。

火灾报警系统对即将发生的火灾及时发出警报,使火灾在发生初期就能够得到及时的处理,从而减少甚至避免建筑内财产损失及人员伤亡。根据建筑功能不同,火灾报警系统模式也各不相同。从系统构成上主要分为火灾自动报警控制器、火灾探测器、手动报警器、声光报警器及联动装置等。

报警控制器为火灾报警系统的"头脑",接收来自末端探测器传送过来的报警信号并进行处理,发出声光报警,在火灾初期的预警阶段提醒有关人员人工灭火,在火灾已经确认的紧急阶段,控制器会自动启动灭火联动装置扑灭火源。

在火灾报警事件处理过程中,当报警控制器接收到末端探测器报警后,控制器显示报警设备信息(包括设备地址、型号、位置等),管理人员根据报警信息,通过现场监控设备或派遣工作人员到现场确认火警报警信息的真伪,如为误报则复位控制器。如火灾已经确定发生,则要判断是否可控。如人工可控则不需启动自动状态,灭火成功后复位报警控制器。若经现场确认火灾形势已为紧急阶段,则需拨打火警电话并启动自动状态,通过控制器启动消防联动设备灭火。火灾得到成功处理后恢复系统待机状态。报警控制器对所有事件都会作为历史数据记录,为后期火灾事件调查分析提供依据。

火警事件的处理过程如图5-3-1所示。

报警控制器有区域报警器和集中报警器两种,在结构上它们没有本质区别。火灾报警控制器所连接的火灾探测器、手动报警按钮和模块等设备总数和地址总数均不超过3 200个点,每一个总线回路所连接设备总数不宜超过200点,且每回路应留有不少于额定容量10%的余量。在功能上,区域报警控制器所控制的区域报警系统所保护的对象仅为某一区域或建筑内某一局部范围,但系统仍具有独立处理火灾事故的能力,适用于仅需要发现火

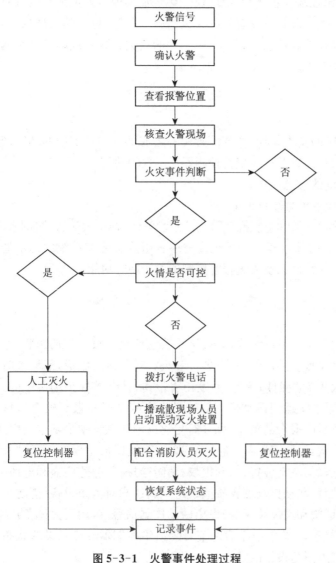

图5-3-1 火警事件处理过程

情发出报警而不需要启动联动灭火装置的保护场所。其系统架构如图5-3-2所示。

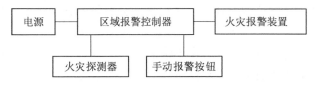

图5-3-2　火灾区域报警系统架构

在建筑规模比较大而区域报警系统的容量及性能已不能满足全楼宇消防安全需求时，就需要将多个区域控制系统扩展成集中报警系统。集中报警器用于接收各区域报警控制器发送过来的火灾报警信号，并且实时巡回检测各区域报警系统中的控制器及探测器工作状态正常与否，如有故障会及时发出报警信号。所以，集中报警控制器是针对多区域监控系统进行管理和集中调度的上位机。其所构成的系统架构如图5-3-3所示。

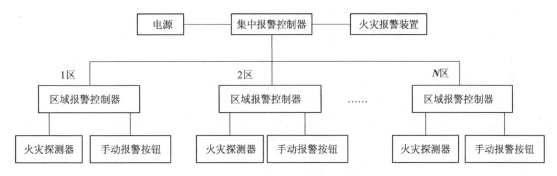

图5-3-3　火灾集中报警系统架构

火灾探测器是火灾报警系统中的末端"感觉器官"。探测器用于实时监测环境中是否有火灾险情发生，当其感测到如温度、烟雾、气体或辐射光强度等特征物理量时，及时将其转换成电信号发送至火灾报警控制器并有控制器处理发出报警信号。

火灾探测器根据其所监测范围不同可分为点型探测器和线性探测器。点型火灾探测器是响应一个探测器附近一定范围内的火灾特征参数的探测器，一般用于房间高度有一定要求的民用建筑中。线性火灾探测器是可响应某一连续路线附近的火灾特征参数的探测器，由于具有良好的环境适应性，能够近距离或贴近保护，在各种潮湿、污染、粉尘等较恶劣或特殊的消防探测场所也能够高可靠性地工作，所以被广泛地应用在仓库、货场、隧道等消防安全防护场所。

用于火灾报警系统中的探测器种类很多，按探测的火灾参数可分为感烟探测器、感温探测器、感光（火焰）探测器、可燃气体及复合式探测器。

（1）感烟探测器：能对物质燃烧初期热解产生的固体或烟雾粒子浓度做出响应，它响应比较快，是建筑内用于发现早期火情常用的一种探测器。按其工作原理来分，感烟探测器分为离子型和光电型两种。

此类探测器适用于在火灾初期有阴燃阶段，燃烧物会产生大量的烟和少量的热，火焰辐射很少或者没有的场所，如饭店、卧室、酒店、办公室、商场等场所。对于湿度很大，空气流通良好，有大量粉尘、水汽或有腐蚀性气体的场所不适用。

（2）感温探测器：能对所测范围内异常温度、温升速率及温差等温度参数变化做出响应的一类探测器。根据所监测温度参数的不同，感温探测器可分为定温探测器、差温探测器、差定温探测器三种。此类探测器适用于燃烧物易迅速发展，可产生大量热；火焰辐射或湿度大、可能发生无烟火灾、有大量粉尘；在正常情况下会有烟雾产生的场所，如厨房、发电机房、锅炉房等不适宜安装感烟探测器的场所。

（3）感光探测器：又称为火焰探测器，能对物质燃烧火焰的光谱特性、光照强度和火焰闪烁的频率敏感做出响应的一类探测器。它可探测火焰辐射出的红外光、紫外光和可见光。应用于工程中的主要有红外火焰探测器和紫外火焰探测器。

（4）可燃气体探测器：可对所监测范围内空气中的天然气、煤气、醇、炔、烷等可燃气体的浓度进行检测并及时发出警报信号的探测器。它对预防火灾的发生起着重要的作用。此类探测器适用于使用、生产可燃气体或者有可燃蒸气存在的场所。

（5）复合式探测器：可响应两种或两种以上火灾参数的探测器。由于在实际应用中，引起火灾的原因是多种多样的，火灾发生的环境也是千差万别的，不同的火灾类型及环境状况，使得每类单参数火灾探测器的性能均有可能受到这些因素的限制。复合式探测器的应用弥补了以上火灾探测器的局限性，使得火灾报警信号更加可靠和有效。常用的复合式探测器有感温感烟探测器、感光感温探测器、感光感烟探测器等。

以上各类探测器的应用场所及范围应根据需防护场所可能发生火灾的部位及具有潜在火灾危险性的可燃烧材料的燃烧特性来分析。同一消防保护场所也可根据实际需要安装、设置多个类型探测器，也可选择复合式探测器用于探测同一防护区域多种性质的可燃烧物质。

四、任务实施

任务实施所需设备有：①报警控制器主机；②火灾探测器：感烟探测器、感温探测器、红外火焰探测器；③手动报警器；④声光报警器；⑤输入、输出模块；⑥探测器直流供电电源。

根据已有设备，按区域报警系统组建装置，系统设备连接形式如图 5-3-4 所示。

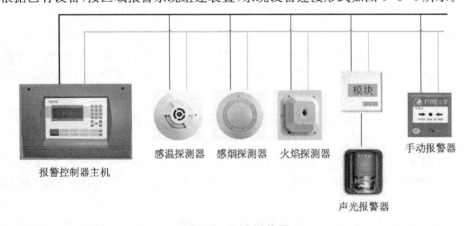

图 5-3-4　实训装置

图 5-3-4 仅为示意图，实际接线方式应根据设备的接线要求连接，线路连接前要对各

设备功能及特性有所了解,接线要严格按照该设备说明书操作,以免接线错误损坏设备。

1. 操作步骤

(1) 检查系统接线是否正确,根据系统实际连接方式绘制系统架构图。

(2) 阅读报警控制器主机操作手册,学会通过控制器主机对回路中各部件及探测器名称、地址等参数进行设置。

(3) 完成设置后,用钥匙打开手动报警器面板使手动报警器内报警按钮弹起触发火灾报警,观察控制器显示屏响应信息,当有报警信号发出时打印机(控制器自带打印功能)会自动打印报警信息。

(4) 通过操作报警控制器确认手动报警器所触发的报警。

(5) 在触发火灾探测器前将装有水的水桶放置实验台旁,并清除台面上纸张等可燃物,然后再点燃可燃物(报纸等)分别触发感烟探测器、感温探测器、火焰探测器。在燃烧物靠近探测器时确保不使明火烧到探测器外壳。

(6) 同上述步骤(3)(4)确认报警信息,打印报警信息。

(7) 所有项目完成后,整理实验台,清理燃烧物所产生灰烬等杂物。

(8) 关闭实验台设备电源。

2. 实训报告

(1) 根据实际设备构成,绘制具体系统架构图,并标注接线方式。

(2) 记录在报警控制器上对回路中各现场部件参数设置的具体操作步骤。

(3) 记录实验过程中手动触发报警器的系统响应。

(4) 记录利用可燃物分别触发感烟探测器、感温探测器和火焰探测器后的系统响应。

(5) 根据触发报警探测器的方式不同分析各探测器工作原理。

3. 思考题

(1) 当触发手动报警器或探测器时,为什么报警控制器不是立即发出声、光报警?

(2) 输入、输出模块中终端电阻接法及说明其作用是什么?

4. 考核内容与评价标准

考核内容与评价标准见表5-3-1。

表5-3-1　考核内容与评价标准

序号	考核内容	分值	评价标准	得分
1	实训装置部件的识别	20	是否准确识别实训装置各部件	
2	实训仪器的规范使用	25	使用仪器是否规范,是否爱护仪器	
3	学习态度及与组员合作情况	10	实训过程是否积极主动,是否与组员和谐协作	
4	安全操作	10	是否按照安全要求进行操作	
5	设施复位,场地清洁等	5	善后工作是否主动较好完成	
6	实训报告	30	实验数据处理结果是否正确,报告内容是否充实,格式是否规范,书写是否整洁	
	合计	100		

五、教学设计

教学设计见表 5-3-2。

表 5-3-2　教学设计

能力描述	具有建筑设施系统测试的知识;具有智能建筑的基本知识; 具有独立学习、独立计划、独立工作的能力,具有合作、交流等能力	
目标	了解并掌握目前应用于实际工程的火灾报警系统的基本结构,系统中各种设备的作用以及操作方法	
教学内容	火灾报警系统的基本架构; 系统配置中各组成部分在系统中的功能; 火灾报警系统中常用探测器的特性及火灾报警控制器可实现的功能	
学生应具备的知识和基本能力	所需知识:消防安全系统基本知识,火灾报警系统的架构组成 所需能力:有一定的电工基础,了解系统中常用探测器、控制器的接线方式;团队协作能力	
教学媒体: 多媒体、实训装置	教学方法: 采用引导文教学法和演示教学法	
教师安排: 具有工程实践经验,并具有丰富教学经验,能够运用多种教学方法和教学媒体的教师 1 名	教学地点: 校内实训室	
评价方式: 学生自评;教师评价	考核方法: 过程考核;结果考核	

六、任务评价

　　本任务通过演示教学法、实验教学法等使学生掌握变频器的工作原理,电压输入控制变频器的特性及其应用范围,并熟练应用 Office 软件绘制变频器的多条性能曲线,进一步锻炼学生的团队协作和独立分析解决问题的能力。

参考文献

[1] 张小明.楼宇智能化系统与技能实训[M].北京:中国建筑工业出版社,2015.

[2] 沈晔.楼宇自动化技术与工程[M].'2 版.北京:机械工业出版社,2012.

[3] 吴关兴.智能楼宇系统操作与实训[M].北京:清华大学出版社,2012.

[4] 王再英,韩养社,高虎贤.楼宇自动化系统原理与应用(修订版)[M].北京:电子工业出版社,2013.

[5] 谢秉正,等.楼宇智能化原理及工程应用[M].南京:东南大学出版社,2007.

[6] 中华人民共和国住房和城乡建设部.建筑设计防火规范:GB 50016—2014[S].北京:中国计划出版社,2014.

任务四　空调工程设计实训

测试时间		年级、专业	
实训者姓名		同组者姓名	

一、任务提出

空调工程设计实训是本课程的综合性实践环节,内容涉及负荷计算、水力计算、管道布置、气流组织、冷热源机组选型等。学生综合利用所学的理论知识,对给定建筑物进行空气调节的设计计算、方案选择、施工图绘制,掌握空调系统的设计方法,以巩固所学理论知识。一般由教师出题、指导,学生以组为单位进行设计。

二、任务分析

知识目标:了解空调工程设计的设计步骤、空调工程设计阶段和内容,以及有关设计文件的组成;掌握有关规范和技术标准的基本内容;重点掌握方案设计的内容和方法,初步设计和施工图设计的程序及内容。

技能目标:掌握 AutoCAD 的绘图技能,拓展空调工程的设计能力。

能力目标:锻炼团队协作、沟通协调的能力,以及解决实际问题的能力。

本任务建议学时为 75 学时。教学组织推荐主要采用项目教学法来帮助学生完成实训任务。

三、知识铺垫

现代空调系统不仅要满足建筑对空气参数、空气品质的需要,而且与防火、排烟、通风、电气、消防都有非常重要的关系。现代空调系统设计一般包括四个部分:冬、夏季空调系统的设计、机械通风系统的设计、防火及排烟系统的设计、空调自动控制系统的设计。

在设计前,应进行充分地调查研究,把与设计有关的基本情况了解清楚,并收集必要的相关设计基础资料。

(1) 弄清建筑物的性质、规模和功能划分,了解建设方对空调的具体要求,掌握当地水、电、汽、燃料等能源的供应情况和价格。

(2) 明确建筑物所在地区的室外空气计算参数,以及建筑物内各类不同使用功能房间的空调设计参数要求,统计各类功能房间、走廊和厅堂的空调面积;各朝向的外墙或玻璃幕墙及屋面的尺寸和面积、构造做法和热工性能;外窗的大小和窗玻璃的层数,外窗框与窗玻璃的种类和热工性能。统计各空调房间的室内温度设定值、使用时间、人员数量和活动情况,以及室内装置、设备、灯具等电气设备的输入功率和使用情况,从而为空调负荷的计算做准备。

(3) 了解建筑的结构形式、梁的位置和高度、柱的布置和尺寸、吊顶高度、各层空间的实际尺寸以及剪力墙的位置等,从而为设备和管道的布置设计做准备。

(4) 了解可能作为冷热源机房和空调机房的房间位置,冷却塔可能放置的位置和设备层的安排,热力点位置等。

国家和政府部门颁布的规范和技术标准是设计工作必须遵循的准则,其规定的原则、技术数据及要求是设计的重要依据,也是评价设计文件的主要标准。因此,在设计之前应熟悉相关的规范、标准等,如:

《暖通空调制图标准(GB/T 50114—2010)》;

《民用建筑热工设计规范(GB 50176—93)》;

《公共建筑节能设计标准(GB 50189—2015)》;

《民用建筑供暖通风与空气调节设计规范(GB 50736—2012)》;

《商店建筑设计规范(JGJ 48—2014)》;

《电影院建筑设计规范(JGJ 58—2008)》;

《旅馆建筑设计规范(JGJ 62—2014)》;

《办公建筑设计规范(JGJ 67—2006)》;

《洁净厂房设计规范(GB 50073—2013)》;

《建筑设计防火规范(GB 50016—2014)》(2018 年版);

《高层民用建筑设计防火规范(GB 50045—95)》(2005 年版);

《通风与空调工程施工质量验收规范(GB 50243—2002)》。

除了上述规范和标准外,在进行空调工程设计时还要用到专业设计手册、设备选型手册等,如空调与制冷技术手册、简明空调设计手册、实用供热空调设计手册、民用建筑空调设计手册、中央空调设备选型手册、冷热源设备、空调设备、辅助设备、有关装置等的产品选型资料(生产厂家、品种规格、产品质量、市场使用情况及价格等)。

四、任务实施

1. 设计方法和步骤

空调工程设计一般分为三个阶段:方案设计、初步设计和施工图设计,整个过程是一个由粗到细、由整体到部分、不断深入和完善的过程。

(1) 方案设计是根据建筑的具体情况和空调负荷的特点,初步确定空调系统和冷、热源的可能形式,并对投资进行初步的估算,同时考虑设计方案对建筑本身和环境的影响。方案设计时应提出几个可行的方案,并进行论证比较,得出最终的设计方案。

(2) 初步设计包括以下内容:

① 计算空调冷热负荷,确定送风状态参数和送风量

以空调房间为单元,确定空气设计参数,估算各个房间的空调冷热负荷及送风量。

② 确定采用的空调系统形式,进行空调系统划分,选择空气处理方案

如果是全空气系统形式,如一次回风或二次回风、定风量或变风量、常规或低温送风等,那么首先根据房间的功能和使用空调的时间、性质及特点划分子系统,确定各子系统的作用区域、空调机房的位置和主要管道的走向。然后初选空气处理设备。根据系统特点、使用要求及安装条件确定空气处理设备类型。最后根据热湿负荷大小及系统的组成,初步选择空气处理设备的型号、规格。

如果是风机盘管加新风系统,那么首先根据建筑总高度和设备的承压能力确定水系统是否需要进行竖向分区。确定水系统形式,如两管制或四管制、同程式或异程式、变流量或定流量、一次泵或二次泵等。确定膨胀水箱和冷水泵的设置位置,然后根据房间的功能,使用空调的时间、性质及特点,划分子系统,确定各子系统的作用区域和主要管道的走向。确定供、回水温度。其次按照标准或要求确定各空调房间新风量、新风处理终状态参数。划分新风子系统,确定各子系统的作用区域、新风处理设备的位置和主要管道走向。最后新风系统风量、阻力估算,初步选择新风处理设备。

③ 冷源系统设计

首先估算出建筑最大小时冷负荷,初步选择冷源设备类型、数量及型号、规格;其次估算冷水量、水系统阻力、运行特点,初步选择冷水泵的数量、型号和规格;然后估算冷却水量、冷却水系统阻力、运行特点,初步选择冷却水泵的数量、型号和规格;最后根据冷却水量、冷却水系统阻力、冷却塔进出水温差、环境噪声要求,初步选择冷却塔的类型、数量及型号、规格。

④ 热源系统设计

首先估算出建筑最大小时热负荷(考虑同时使用系数和安全系数),考虑负荷特点及调节性能,经过技术经济比较,初步选择热源设备(蒸汽锅炉、无压热水锅炉、真空热水锅炉等)的类型、数量及型号、规格。然后初步选择附属设备。

初步设计完成后编制设计说明书。设计说明书应包含方案说明书、初步设计说明书和设计计算说明书。设计计算说明书应包括具体的负荷计算过程、空调系统的水力计算等内容。

(3) 施工图设计应根据已确认的初步设计进行编制,是对初步设计的补充和完善。内容以图纸为主,包括图纸目录、施工图设计说明、图纸、设备明细表、材料表等。施工图设计文件的深度应满足根据图纸可以进行施工预算、设备订货和非标准设备制作、进行工程验收等的要求。

① 根据初步设计审核意见,建筑专业提供的平、剖面图和文字资料以及其他专业提出的设计要求,对初步设计计算和设备选择进行详细计算,如设计条件改变,则根据变更条件,修正设计方案和设备选择。

② 绘制空调系统平面图、通风、空调系统剖面图、空调机房平面图和剖面图、冷热源机房平面图和剖面图、通风、空调系统轴测图、空调水系统、风系统图。

③ 编制除图样外的其他设计文件,包括设计与施工说明、主要设备表、计算书。

2. 参考进度

明确任务,借阅资料 1 天;负荷计算 2~3 天;系统设计 2~3 天;施工图绘制 3~4 天;整理计算书 1 天。

3. 设计成果

(1) 设计说明书 1 份,包括负荷计算、系统形式、系统风量、设备选型的具体过程,以论文格式整理,条理清楚,论据充分。

(2) 施工图由首页、设备与材料表以及设计图纸组成。首页包括设计图纸目录、使用标准图纸目录、图例和设计、施工和设计、施工总说明。设备与附件表列出所有设备的编号、型号、规格和数量。各图纸编号后装订成册。

4. 考核内容与评价标准

考核内容与评价标准见表5-4-1。

表5-4-1　考核内容与评价标准

序号	考核内容	分值	评价标准	得分
1	学习态度及与组员合作情况	10	实训过程是否积极主动,是否与组员和谐协作	
2	计算机绘图能力	20	是否能熟练操作相关制图软件	
3	专业知识的综合应用	30	是否扎实掌握专业知识并能熟练应用	
4	设计成果文件	40	设计说明书和图纸是否规范、完整、准确、清晰	
	合计		100	

五、教学设计

教学设计见表5-4-2。

表5-4-2　教学设计

能力描述	具有通风空调工程的知识; 具有独立学习、独立计划的能力,具有合作、交流等能力
目标	掌握 AutoCAD 的绘图技能; 拓展空调工程的设计能力
教学内容	空调工程设计的设计步骤、空调工程设计阶段和内容;以及有关设计文件的组成; 有关规范和技术标准的基本内容
学生应具备的知识和基本能力	所需知识:通风空调工程的知识,AutoCAD 的绘图的知识 所需能力:正确使用 AutoCAD 的绘图能力;团队协作能力
教学媒体: 多媒体	教学方法: 采用项目教学法
教师安排: 具有工程实践经验,并具有丰富教学经验,能够运用多种教学方法和教学媒体的教师1名	教学地点: 校内实训室
评价方式: 学生自评;教师评价	考核方法: 过程考核;结果考核

六、任务评价

本任务采用项目教学法,学生综合利用所学的理论知识,对给定建筑物进行空气调节的设计计算、方案选择、施工图绘制,掌握空调系统的设计方法、AutoCAD 的绘图技能,从而巩固了所学理论知识,培养学生团队协作、沟通协调的能力以及综合应用所学知识解决实际问题的能力。

　　空调工程和供热工程是满足建筑空间环境的两大空调系统,下一个任务将对建筑供热工程进行实训。

参考文献

[1] 李东雄,杜渐.供热通风与空调工程实验实训[M].北京:中国电力出版社,2012.

[2] 郝瑞宏,李东雄.供热通风与空调制冷综合技能实训[M].北京:中国电力出版社,2012.

[3] 李维安,刘光军.建筑环境与设备工程实训指导[M].北京:科学出版社,2001.

[4] 陆耀庆.实用供热空调设计手册[M].2版.北京:中国建筑工业出版社,2008.

[5] 马最良,姚杨.民用建筑空调设计[M].2版.北京:化学工业出版社,2014.

任务五　供热工程设计实训

测试时间		年级、专业	
实训者姓名		同组者姓名	

一、任务提出

供热工程课程设计是学生在学习完"供热工程"课程后的一次综合训练,学生综合利用所学的理论知识,对给定建筑物进行供热工程的设计计算、方案选择、施工图绘制,掌握供热工程的设计方法,以巩固所学理论知识。一般由教师出题、指导,学生以组为单位进行设计。

二、任务分析

知识目标:了解供热工程设计的步骤、设计阶段和设计内容,以及有关设计文件的组成;掌握有关规范和技术标准的基本内容;重点掌握方案设计的内容和方法,初步设计和施工图设计的程序及内容。

技能目标:掌握 AutoCAD 的绘图技能,拓展供热工程的设计能力。

能力目标:锻炼团队协作、沟通协调的能力,以及解决实际问题的能力。

本任务建议学时为 75 学时。教学组织推荐主要采用项目教学法来帮助学生完成实训任务。

三、知识铺垫

供热工程设计包括采暖设计热负荷计算、散热器计算、采暖系统水力计算,散热器采暖系统设计以及低温热水地板辐射采暖设计等,主要是指对进入建筑物之后的设计。

集中供热设计包括热力管网水力计算及其水压图绘制、热力站设计,主要是指对进入建筑物之前的热力管网的设计。

(1) 在设计前,应进行充分地调查研究,把与设计有关的基本情况了解清楚,并收集必要的相关设计基础资料。

首先弄清建筑物的性质、规模和功能划分,了解建设方对空调的具体要求,掌握当地水、电、汽、燃料等能源的供应情况和价格。然后明确建筑物所在地室外空气计算参数和建筑物中各类不同使用功能的空调房间的室内空气设计参数要求,统计各类功能房间、走廊、厅堂的空调面积;各朝向的外墙或玻璃幕墙及屋面的尺寸和面积,构造做法和热工性能;外窗的大小和层数,外窗框与玻璃的种类和热工性能。统计各空调房间的使用时间、人员数量和活动情况,以及室内装置、设备、灯具等散热量和使用情况,从而为建筑热负荷的计算做准备。

(2) 国家和政府部门颁布的规范和技术标准是设计工作必须遵循的准则,其规定的原则、技术数据及要求是设计的重要依据,也是评价设计文件的主要标准。因此,在设计之前应熟悉相关的规范、标准等,如:

《暖通空调制图标准(GB/T 50114—2010)》;

《民用建筑热工设计规范(GB 50176—2016)》;

《公共建筑节能设计标准(GB 50189—2015)》;

《民用建筑供暖通风与空气调节设计规范(GB 50736—2012)》;

《商店建筑设计规范(JGJ 48—2014)》;

《电影院建筑设计规范(JGJ 58—2008)》;

《旅馆建筑设计规范(JGJ 62—2014)》;

《办公建筑设计规范(JGJ 67—2006)》;

《洁净厂房设计规范(GB 50073—2013)》;

《建筑设计防火规范(GB 50016—2014)》(2018 年版);

《高层民用建筑设计防火规范(GB 50045—95)》(2005 年版);

《建筑给水排水及采暖工程施工质量验收规范(GB 50242—2002)》。

除了上述规范和标准外,在进行空调工程设计时还要用到专业设计手册、设备选型手册、地方标准等,如实用供热空调设计手册、散热器、热源设备、辅助设备、有关装置等的产品选型资料(生产厂家、品种规格、产品质量、市场使用情况及价格等)。

四、任务实施

1. 设计方法和步骤

(1) 室内热水采暖设计程序包括:确定采暖室内外设计参数、计算各采暖房间的设计热负荷、确定室内采暖系统的形式、确定散热器型号、计算各采暖房间需要的散热面积和散热器片数、绘制建筑物的采暖系统图、对采暖系统进行水力计算、绘制采暖系统的施工图。

(2) 集中供热的设计程序包括可行性研究阶段、初步设计阶段和施工图设计阶段。

可行性研究阶段通过分析供热范围和热负荷、热源及供热能力、热介质参数的确定、供热管网走向和敷设方式、热网与热用户的连接方式、供热水力计算及供热调节等,确保供热工程经济合理、技术可靠。

初步设计阶段包括可行性研究报告、初步设计计算说明书和热网的相关图纸。

施工图设计阶段包括供热管网施工图设计和热力站施工图设计。

2. 参考进度

相关计算 1 周,施工图和设计说明书 2 周。

3. 设计成果

(1) 设计说明书 1 份,包括负荷计算、热力管网设备选型和水力计算等具体过程,以论文格式整理,条理清楚,论据充分。

（2）施工图由首页、设备与材料表以及设计图纸组成。首页包括设计图纸目录、使用标准图纸目录、图例和设计、施工和设计、施工总说明。设备与附件表列出所有设备的编号、型号、规格和数量。各图纸编号后装订成册。

4. 考核内容与评价标准

考核内容与评价标准见表 5-5-1。

表 5-5-1　考核内容与评价标准

序号	考核内容	分值	评价标准	得分
1	学习态度及与组员合作情况	10	实训过程是否积极主动,是否与组员和谐协作	
2	计算机绘图能力	20	是否能熟练操作相关制图软件	
3	专业知识的综合应用	30	是否扎实掌握专业知识并能熟练应用	
4	设计成果文件	40	设计说明书和图纸是否规范、完整、准确、清晰	
	合计		100	

五、教学设计

教学设计见表 5-5-2。

表 5-5-2　教学设计

能力描述	具有供热工程的知识; 具有独立学习、独立计划的能力,具有合作、交流等能力	
目标	掌握 AutoCAD 的绘图技能; 拓展供热工程的设计能力	
教学内容	供热工程设计的设计步骤、供热工程设计阶段和内容,以及有关设计文件的组成; 有关规范和技术标准的基本内容	
学生应具备的知识和基本能力	所需知识:供热工程的知识,AutoCAD 的绘图的知识 所需能力:正确使用 AutoCAD 的绘图能力;团队协作能力	
教学媒体: 多媒体	教学方法: 采用项目教学法	
教师安排: 具有工程实践经验,并具有丰富教学经验,能够运用多种教学方法和教学媒体的教师 1 名	教学地点: 校内实训室	
评价方式: 学生自评;教师评价	考核方法: 过程考核;结果考核	

六、任务实施

本任务采用项目教学法,学生综合利用所学的理论知识,对给定建筑物进行供热工程的设计计算、方案选择、施工图绘制,掌握供热工程的设计方法、AutoCAD 的绘图技能,从而巩固了所学理论知识,培养了学生团队协作、沟通协调的能力以及综合应用所学知识解决实际问题的能力。

参考文献

［1］李东雄,杜渐.供热通风与空调工程实验实训[M].北京:中国电力出版社,2012.

［2］郝瑞宏,李东雄.供热通风与空调制冷综合技能实训[M].北京:中国电力出版社,2012.

［3］陆耀庆.实用供热空调设计手册[M].2版.北京:中国建筑工业出版社,2008.